U0145443

科學哲學：假設的推理

陳瑞麟 著

序

　　這是一本討論科學推理的著作。科學推理是科學方法學的一個重要主題，因此本書也是一本科學方法學、也就是科學哲學的著作。筆者寫作本書的目的是將它用爲大學相關科目或通識相關科目的教科書，可是它不只是一本教科書，它的每一章都包含了我個人對於「科學推理」一些主題的研究成果，特別是第五章和第六章。當然，本書仍然不是一本標準的學術論著，我並沒有進入許多當代的哲學爭辯中，本書的主要內容在於闡述科學推理的種種模式，使讀者能夠理解進而應用到日常生活的推理和相關於科學研究議題的推理中。過度陷入不同哲學觀點爭辯對於大學生而言似乎無益。可是，本書仍然討論了一些對於既存概念或推理模式的質疑和辯護，因爲它們是科學論證（scientific argumentation）的一部分。

　　今天我們已生活在一個科技社會中。我們的日常生活有很大的一部分脫不開科學和技術的觀念與實體產品。我們不僅使用大量的科技產品如電腦、網際網路、（無線電波）手機、醫療檢查機器、科學藥物等等，我們也使用「位移」、「彈力」、「磁吸」、「斥力」、「演化」、「選擇」、「競爭」、「基因」、「板塊」、「網路」等科學概念在日常生活中（當然，很多科學概念最初有可能來自日常生活），科學與日常生活的密切交織，同時豐富了兩者，但也可能帶來一些麻煩，亦即人們在日常推論中使用科學概念時，不求甚解且望文生義地產生日常生活的聯想，形成誤導性的結論，導致他們無法精確地判斷科學對於生活的真正影響。因此，要恰當地理解科學，我們必須知道科學知識

是如何被產生的，這意味我們必須知道實際案例中的科學推理。

科學是如何產生的？或者說，如何被生產出來的？

當代科技與社會（science, technology and society, STS）的研究者也企圖揭示「眞實的科學」（real sciences）。STS假設科學是一種社會活動，因此研究總是必須挖掘科學的社會性這個重要的特徵。科學的社會性確實是眞實科學的一個重要的特徵，可是，科學的認知性和推理性應該是起點，因爲科學知識是科學家認知與推理歷程的終點或結果。認知和推理可能是一個社會性的歷程，卻總是要透過個體的心智歷程來體現。在整個龐大的科學生產中，科學家的心智歷程可能多元多樣。然而，即使沒有單一的科學方法，仍可能有一些基本模式——本書探討的就是科學家作推理的心智歷程的基本模式。

如果實際的科學推理是科學生產的一部分，而我們也必須使用推理的方式來探討它們，豈不表示我們也正在作科學和學科學？沒錯。因爲科學推理當然得體現在實際的科學研究案例中，沒有瞭解實際的科學知識，就無法瞭解科學推理。如果科學推理是科學哲學重要的一部分，是否意味著科學哲學（至少一部分）也是科學？筆者傾向肯定的答案。因爲不管是科學的方法論、知識論或形上學，都應該是科學的一環，它們和科學構成一個連續體。但這並不意味科學哲學就要完全服從於科學的實然，也不意味科學哲學家就只是（大）科學家的小廝（underlaborer），他們的生存目的就是爲科學辯護、爲科學家掃除障礙。科學是多元的、不統一的。科學家彼此間的概念、理論和主張常常互相對立、互相競爭。歷史顯示科學家或科學文化往往有「成王敗寇」的強烈傾向。如果科學推理必須涉及實際的內容，那麼科學哲學家贊同或推薦一種推理模式、否定或反推薦另一種推理模式，扮

演的角色更像是科學競技場的球評家——他們可以在超然的位置上，品評競賽採用的方法和策略的良窳得失。

反過來說，從歷史來看，我們也應該說科學是哲學的一部分，這是從希臘科學以來的傳統。在十九世紀之前，科學家一直自稱是「自然哲學家」。如果科學脫離它的哲學土壤（概念思辨、推理、論證），有可能使它淪為機械性的「例行工作」之危險。因此，喚回科學中的哲學靈魂，也是本書的目標。

如同開宗明義的宣告，本書也是一本「科學方法學」的著作。本書探討實際的科學推理但仍保有規範性的企圖，但這並不意味我們將回到傳統規範方法學的窠臼中，詳細理由筆者在第一章「導論」中花了相當篇幅交代。然而，本書並不妄想指導第一線的、前沿的科學家如何作科學推理，因為科學推理總是與實質內涵結合，如果沒有探討前沿的科學研究內容，我們就不清楚既有的科學推理模式能否被應用。但這並不意味「科學推理」的研究沒有必要，本書的意義在於科學教育和公民教育，我們提供歷史上重要的科學推理的諸多範例（exemplars），以使科學學生理解推理的法門和訣竅；更重要的是，我們想幫助一般非科學的公民們理解科學如何被產生、被推出、被檢驗、被評估，畢竟二十一世紀的我們，都生活在一個科技社會中，我們都是「科技公民」，都有必要面對科學。科學形塑了當代主要的世界觀。公民可以因理解科學推理而學習如何作好的推理，也可以因理解其方式而得知科學的限制、或對科學有所批判。因此，筆者希望所有科技社會的公民都應該具備科學推理的基本素養。可是，有幾種主修特別是本書意想的讀者。

不管是不是主修科學哲學，哲學學生都應該如同學習基本邏輯般學習科學推理。理由是：第一，科學推理是當代一般方法論

（含「批判思考」）重要的一部分，而科學哲學是當代一般知識論重要的一部分，沒有包含科學哲學的知識論是殘缺的；第二，科學推理其實是從傳統的哲學推理中發展而來的；幾乎所有的科學推理模式是哲學家兼科學家發掘的。第三，當代科學對當代哲學提出了最嚴酷的挑戰，不理解科學如何推理很難對這些挑戰作出有價值的回應。

我也期待科學教育的學生和從事科學教育的教師能夠閱讀本書。科學教育應該教中學生什麼東西？「買魚給他不如送他一支釣魚竿」這句俗語仍然值得回味再三。我們應該教中學生如何作科學，而不是直接灌輸他們知識。早期所謂的「科學方法」似乎是邏輯演繹、經驗實證、或否證法（試誤法）這些一般性的形式方法，沒有夠多內容需要教。大學各專業學科則有自己專業的（數學）方法課程，例如微積分、工程數學、物理數學、生物統計學、流行病學方法等等，這些方法也不適宜直接教給中學生。科學教師如何在中學科學課中，透過知識的學習使中學生瞭解科學知識有什麼用？如何被生產？自己有沒有可能去產生（推出）科學知識？我期待本書可以提供一些有用的啟發。

研究科技與社會的學生和學者也是本書期待的潛在讀者。理由很簡單。科學、技術和社會是他們的研究對象，理解科學的真實運作面貌是科技與社會研究的目標，那麼，他們當然應該要理解科學推理如何進行。再者，科技與社會本身是一門（社會）科學，它本身也需要獲取資料、從資料推出假設、建構假設、檢驗假設等等推理，閱讀本書可以產生極大的助益。

最後一種主修自然科學（理學院）和社會科學的學生，他們對科學方法理當不陌生。然而，根據我的教學經驗，理工科學生在接觸科學哲學（方法學）時，有兩種典型反應：一種是很難契

合（佔大多數），他們感到科哲提供的圖像與他們所學格格不入，但卻又無法反駁（可能因為他們缺乏這方面的訓練）；一種被激起相當興趣，因為他們心中由過去教育塑造的科學圖像完全被科哲摧毀。這是否是大學教育專業化的結果？我期待在過度細分、過度專業化的科學體制中，本書能夠提供一點跨領域的視野。

筆者在2010年已出版一本《科學哲學：理論與歷史》，該書主要根據歷史的發展過程，討論二十世紀最重要的科學哲學理論。科學哲學理論探討與反省科學方法論和知識論的課題，批評或反對其他觀點與理論，對於如何從事科學推理的著墨不多。本書是該書的姊妹作，環繞著「科學推理」（也即是傳統的「科學方法」），以主題為主（科學說明、假設的檢驗、歸納與統計、假設的建構、定律與理論），提供更多科哲理論相關的背景知識，使讀者更易於深入過去和現在進行中的科學哲學理論。換言之，我期待本書能幫助同學更易於吸收《科學哲學：理論與歷史》的東西，當然，本書也提供了很多該書沒有的題材。

陳瑞麟
中正大學哲學系

目　錄

第一章

導　論

壹、前言：科學推理與科學哲學

科學推理（scientific reasoning）是科學哲學（philosophy of science）重要且基本的一部分，它是一個既老又新的主題。說它老，是因為它其實是早期（二十世紀前半葉）所謂的「科學方法」（scientific method）的延續；說它新，是因為它是二十世紀八〇年代後才興起的關鍵詞，而且成為當前科哲的核心主題之一。隨著科哲的目的之定位和理解的變動，今天，我們探討、研究或理解科學推理，其目的與意義也與早期的科學方法研究大不相同。

二十世紀前半葉對「科學方法」的研究（即「科學方法學」〔methodology of science〕）有幾個特點或基本觀點：(1)一元論：科哲家們相信有一個單一的科學方法，它定義了科學的本質，科學哲學（方法論）的目的是把這個方法揭露出來；(2)規範的本質性：既然這個單一的科學方法定義了科學的本質，它也就對「應該怎麼作才是科學的」作了規範，換言之，它要求科學家「應該這樣作」才是科學。(3)邏輯性：科哲家也普遍相信科學方法是邏輯的，可以使用當時最新發展的符號邏輯來重建（logical reconstruction）。因為符號邏輯是形式的、普遍的，所以科學方法也是形式的、普遍的——亦即它可以適用於各種科學主題、領域和範圍。

由於戰後隨著國民黨來到臺灣的大陸知識分子，對於中國自清末以來受辱於西方列強的「船堅砲利」留下不可磨滅的印象，他們延續中國五四傳統，在臺灣倡議「科學方法」時，[1] 抱持的態度是「科學方法是唯一正確的思想方法」、是「思想的評準」，[2] 他們相信研究科學方法的目的要是學習它，使自己的思想也變得是**科學的**，以汰換個人思想中那**不科學**的中國文化烙印——這是他們倡議科學方法論的基本目的，也是具有上述特點的**西方科學方法論**被引

入戰後臺灣的脈絡時，自然產生的功用。

　　二十世紀八○年代後，西方科學哲學家對於科學推理的基本觀點，剛好和之前對科學方法的一般立場截然相反：(1)多元論：雖然對於科學推理的研究也是科學方法學的一環，因為科學推理即是**科學推理方法**（methods of scientific reasoning），可是現在的方法是複數的，科哲家已理解到並沒有一個單一的科學方法能夠定義科學的本質，能普遍地適用於歷史不同時期、文化、地域和領域的科學。(2)實際性：如果沒有單一科學方法能定義科學的本質，又如果不同時期、文化、領域的科學家使用的是不同的推理模式，那麼這些推理模式是什麼，就必須根據歷史上（過去與現在）科學家的實作來掌握。換言之，考察科學推理不在於企圖**規範**科學家該如何推理，或找出科學家在推理時共同遵守的邏輯規則，而是在於理解科學家實際上是怎麼推理的，在不同的領域和案例中的推理又有什麼不同。(3)實質內容：既然我們想知道科學家在研究特別對象時使用的特別推理模式（pattern），就無法脫離特別對象的實質內容，也不能只在純形式上（formally）研究它們。這也意謂科學推理的研究不再是形式邏輯的研究，而是必須扣緊具體的科學案例，以便展示實際的推理方式。當然，科學推理不能違背基本邏輯，也仍然可以進行某種程度的抽象化和形式化，並使用一些形式符號，但這麼處理的目的是為了簡潔、嚴謹與方便，而不是因為科學推理只是純邏輯的形式推理。

　　由於科學方法觀的截然轉變，我們探討、研究和學習科學推理的意義與目的，也和1980年代之前有很大的不同。研究科學推理不再是企圖去定義或規範科學家應該怎麼做才是科學的；相反地，我們是站在求知者的位置上，企圖客觀地得知科學家實際的推理模式。特別是歷史上提出偉大理論、設計偉大實驗、作出偉大發現的

大科學家，他們究竟怎麼達成那些偉大成就的？揭示或重建他們實際的或可能（但合理的）推理歷程，以瞭解科學推理的技巧並學習這些推理模式才是我們的目的。

可是，本書並非指向純粹的實然面向。我們對科學家實際推理歷程的揭示，不能避免重建（reconstruction）和精煉（articulation）的工夫；而且，雖然我們不再把科學推理徹底地邏輯化、形式化和符號化，這並不意味我們不作**抽象**（abstraction），因為焦點是**科學推理的模式**（patterns of scientific reasoning），它們不該只適用於某個特別的假設、理論、檢驗、實驗或發現，也應該可以被應用到類似的案例上。再者，我們會檢討先前的科學哲學家所提出的方法論和推理模式，發掘疑點和困難、進行修正，以便提出**理想化的**（idealized）模式——這就是重點。本書希望能探討理想的科學推理模式，但又能符合歷史上科學家的實際推理。

「既理想又符合實際」是否是個自相矛盾的目標？不然！所謂的「理想」並不是和「實際」矛盾、相反或對立的語詞，「理想」只不過意謂不考慮實際推理與推理歷程的每個細節，而專注於框架和結構。例如歷史上的大科學家在提出成功的假設之前，可能有過多次失敗的經驗，或者跳過許多步驟直接達致結論，他們處理實際的材料，把重心放在得出可行的說明或預測，產生驚人的發現或設計偉大的實驗，他們可能並不在意推理的每一個程序和步驟的細節。但這並不表示他們不在意科學方法或程序，科學之所以如此有力，仍然是因為它有明確的方法意識和十分可靠的推理程序。科學家可能也不會明白地呈現推理的每一個細節，但這並不意味那些程序與細節不蘊涵在他們的研究中，事實上，它們可能體現在實際題材的處理中。**理想化的科學推理模式**意指把科學研究中隱涵的推理**明顯化**（make it explicit）——這表示我們需要重建。

　　二十世紀早期的邏輯經驗論（logical empiricism）對於科學方法的重建之所以失敗，是因爲他們在一元論、規範的本質性和邏輯性這三個預設下工作，他們以爲科學方法就是邏輯方法，它定義了科學，故應該使用符號邏輯來重建，這些預設，使得邏輯經驗論者偏離歷史上實際出現的科學。有些讀者可能會擔心：本書仍然使用和強調「重建」這個概念，是否有可能重蹈邏輯經驗論的覆轍？歷史的教訓應該可以幫助我們避免錯誤。我們對科學推理的重建，不再是把它們符號邏輯化，而是盡可能地完整展示它們的認知、概念、意義與歷史等面向。況且，**重建**不是再現。我們揭示的推理模式並不是像鏡子般忠實地映照出實際科學歷史中的推理，即使我們有心想豎立這樣的明鏡也作不到，因爲後人總是只能以科學家留下的文本爲根據，永遠不能眞正地再現科學家在推理當下心靈運作的眞貌。更何況，我們還會面臨歷史資料不齊全或軼失的困境。換言之，我們不可能原封不動地**再現**實際的、第一手的科學推理。重建是不可避免的，但重建也是合理和必要的，因爲確實存在一種思維的規律，使我們能在歷史的案例中發現一再重現的（recurring）、卻可能有變異的模式。重建也具有規範性的意味，亦即重建的科學推理模式具有指引與指導的功能，它們告訴讀者：應該怎麼作出好的科學推理。總而言之，本書仍有規範性的意義——我們企圖告訴讀者應該如何從事理想的科學推理。

　　本書重建的案例不只是歷史上成功（亦即後來被接受爲眞）的理論，也包括一些失敗的（亦即被放棄而不再接受）理論和假設，例如十八世紀有名的燃素理論（phlogiston theory）。因爲好的科學推理並不是只存在於成功的理論中，很多失敗的理論也有很好的推理過程。然而，它們爲什麼會失敗？理論或假設的失敗有很多原因，可能因爲它產生嚴重異例、預測失準、不能滿足一些價值判準

等等，但是，一個理論在失敗之前可能成功過，它們可能符合很多事實、說明很多現象，因此，理論的失敗並不代表支持的科學家在科學推理上一定失敗或作得很糟（雖然有可能如此）──相反地，他們和成功理論支持者的推理可能一樣好、甚至更嚴謹。他們會支持甚至堅持失敗的理論反而有可能是因為他們不夠大膽跳躍，他們謹守推理的規則。讀者需理解，好推理並不導向成功，我們不想宣稱謹守程序與規則必定能帶來成功的科學研究（成功也許還需要勇氣與運氣），但是好的科學推理總是可以產生好科學──它成功的機會較高，雖然不一定能成功。但這也告訴我們看待歷史不該只是「以成敗論英雄」，功成名就的科學家固然令人嚮往，但失敗的科學家也有值得學習和稱道的地方，這不是因為他們提供了失敗的教訓，而是因為他們在科學推理上的探險，同樣豐富了整個科學。

更重要的是，我們要記住歷史上在某方面成功的科學家，可能在其他方面卻失敗。例如天文學革命家克普勒（Johannes Kepler, 1571-1630）在橢圓軌道上成功，卻在回答行星繞行太陽的運動原因上失敗了；力學革命家伽利略（Galileo Galilei, 1564-1642）在自由落體與力學上成功，卻在潮汐說明上失敗；物理學革命家牛頓（Isaac Newton, 1643-1727）在運動理論上成功，卻在光的粒子發射說上失敗；化學革命家拉瓦錫（Antoine Laurent Lavoisier, 1743-1794）在氧和化學元素理論上成功，卻在熱質假說上失敗；生物學革命家達爾文（Charles Darwin, 1809-1882）在演化論上成功，卻在遺傳假設上失敗；二十世紀物理學革命家愛因斯坦（Albert Einstein, 1979-1955）在相對論成功，卻在量子力學的不完備性和統一場論（theory of united field）失敗。幾乎每個成功的大科學家都有一長串失敗的記錄。如果連科學革命家都常常失敗，這代表失敗是常態，而且在科學歷史上，失敗的次數和比例遠比成功的次數和比

例大得多。然而，革命性的科學家之所以爲革命性，不僅是因爲他們帶來突破性的、翻轉舊傳統的科學理論和知識，也因爲他們能提出全新的科學說明（scientific explanation）（科學說明本身就是一種科學推理）和推理、甚至能提出全新的推理模式、或者對舊的推理模式有嶄新的、整合性的應用（參看後面章節的討論）。所以，雖然好的科學推理並不保證其結論的成功，但是沒有好的科學推理，其結論必定無法成功。

讀者或許仍會想問一個問題：爲什麼要學習由科學哲學來重建後的科學推理？如果我們想理解或應用科學推理，何不直接去讀科學？去修科學科目、去接受科學訓練？在大學中，你可以直接去讀基礎物理、基礎化學、基礎生物學、地質學、數學物理、工程數學、心理學導論、統計學、社會科學方法論等等，或者你可以去修通識的科學課程等等。但是，你從這些課程中學到的是特定的科學，是物理、化學、生物、地質學、心理學、統計等等，它們會教導特定的知識和方法、重視計算與應用、它們會告訴你如何使用那些已被證明爲正確的知識去進行計算，以得到正確的結果，但很少顯示出如何獲得正確知識與如何判斷的完整歷程，使得推理在知識的學習中隱而不顯。它們也不會強調爭論與論證、不會抽取推理的模式；它們不會教導歷史的案例、不會跨越其他領域、不反思自身的問題或限制。

科學推理是科學哲學的一部分，它連結科學與哲學思維，它是跨領域的，它不只適用於任何一門特定的領域，它可以適用於所有的領域──包括科學和非科學；它討論較抽象推理模式但不脫離實際具體的例子；它使用歷史的案例、包括成功和失敗的故事，企圖提供一個更全面的歷史視野；它更是反思性的，企圖使所有的科學求知者──不管他以後要不要當科學家──明白地意識到一個科學

結論的獲得總是有一個推理和論證的過程。

貳、科學語言分析的基礎

不管是科學觀察、描述、理論、假設、推理、論證、實驗解釋、實驗結果的報告等等，都需要使用語言。尤其是，完整的、有說服力的、卓越的科學推理或論證，特別需要好的語言表達才能充分傳遞。科學家並沒有對他們使用語言的方式進行分析，但是，分析語言的一般結構和可能被使用的方式（受限於一般結構），可以使我們更加理解科學推理的本質，也可以幫助我們學習如何作科學推理和應用各種不同的推理模式。因此，本書從語言結構的分析開始——這是科學推理的基礎。

表達科學知識的基本語言單位是述句（statements）。雖然每一個述句都是由語詞（words）組成的，但是語詞頂多指稱（refer to）對象，卻不能提供知識。最簡單的知識如「恐龍存在過」（Dinosaurs existed）就是述句，它由「恐龍」和「存在過」這兩個語詞組成的，「恐龍」是主詞（subject），指稱一類對象，「存在過」是述詞（predicate），陳述一種狀態。整個述句陳述、指涉或代表一個或一種事態（state of affairs）。除了主詞和述詞之外，一個述句也發出一個斷說（assertion）或判斷（judgment），例如「恐龍存在過」表達一個肯定的斷說，「恐龍不存在」表達一個否定的斷說，「恐龍可能存在」表達一個介於肯定和否定之間的模態（modality，即可能性）的斷說。

所有述句都是由主詞連結述詞加上斷說構成的，斷說表達對主詞和述詞之間的連結之判斷，是我們在科學上、知識上最關注的。換言之，我們想知道對某一個主詞指涉的對象之陳述是不是真，其判定就在於述詞表達的東西是不是主詞指涉對象所具有的，例如我

們會想知道「恐龍是溫血動物」或「恐龍是冷血動物」哪個斷言才是真的？

除了述詞的斷說外，我們也會對主詞有量上的判斷，例如：

（P1）那隻恐龍活在七千萬年前。
（P2）有些恐龍是蜥腳目。
（P3）所有恐龍都屬於蜥形綱（Sauropsida）。

其中主詞都是「恐龍」（它是一個通稱詞〔general term〕，指稱一個種類的對象），但被斷說的量不同，P1 斷說一隻特定的恐龍，P2 斷說超過一隻，P3 斷說整個種類的所有恐龍。我們說 P1 是「單稱述句」（singular statement）、P2 是「特稱述句」（particular statement）、P3 是「全稱述句」（universal statement）。可是，科學一向強調量的精確，很少使用「有些」這種不精確的特稱述句。科學常常可以而且要求對主詞作精確的數量判斷，例如：

（P2a）9顆（或8顆）行星環繞太陽運行。
（P2b）8個電子環繞一個氧原子核運行。

讓我們把這類述句稱作「數值述句」（numerical statement）。然而，也有很多情況無法算出精確數量，科學發展了統計方法，可以估算比例或比率數值，並在主詞前冠上統計數量，例如：

（P4）21%的大氣成分是氧。

讓我們把 P4 稱為「統計述句」（statistical statement）。

　　述詞的斷言也有幾種特別的類型是科學特別關心的，例如：

（P5）恐龍存在（過）。
（P6）火星每687天繞太陽公轉一圈。
（P7）地球被直徑十公里以上小行星撞擊的機率是十億分之
一。

P5 斷說主詞「恐龍」指稱的對象曾經存在過，P6 斷說主詞「火星」
指稱的對象具有某種周期性的行為，P7 斷說主詞「地球」指稱對
象發生某事件的機率。讓我們稱 P5 是一種「存在述句」（existence
statement），P6 是一種「周期述句」（periodicity statement），P7
是一種「機率述句」（probability statement）。科學家很少直接說
出存在述句，但他們的研究成果如「恐龍在六千五百萬年前滅絕」、
「電子以電子雲的形態繞著原子核」、或「菲律賓海板塊頂撞歐亞
板塊造成臺灣島」等等述句都預設了存在述句。機率述句是邏輯上
的「模態述句」（modal statement），但是科學家很少會只作「可
能如何如何」這樣的判斷——因為那太不精確了。模態雖然是邏輯
的重要概念，但是科學一般會尋求更精確的機率判斷。模態概念還
包括「必然性」或「必要性」（necessity），例如：

（P8）細胞擁有23對染色體是身為人類必要的特徵。
（P9）凡有質量的物體必然有萬有引力。

讓我們把 P8, P9 稱作「限（決）定論述句」（determinism state-
ment），因為它們會出現在「限定性的理論」（deterministic theo-
ry）中，這種理論會導出一個必然或必要的判斷，與「機率述句」

恰成為對比，機率性是「非限定性的」。

　　科學的判斷也常涉及兩個個別對象之間的靜態關係或互動關係，例如：

　　（P10）地球繞太陽公轉。

讓我們稱 P10 是一種「關係述句」（relationship statement）。有一種特殊斷言是把原本視為兩個或兩種不同的東西判斷為同一個或同一種，例如：

　　（P11）織女星就是天琴座α星（α Lyr）。
　　（P12）基因就是一段DNA。

我們稱 P11, P12 為「同一性或同一關係述句」（identity statement）。

　　科學知識也常使用「條件句」（conditional statement or conditional）來表達。例如：

　　（P13）如果引擎推力增加10%，燃料消耗量會增加20%。

P13 表達的是兩個事態之間的（條件）關係，可以說最重要的科學知識表達型態。它又可以分成幾種次類型，舉例說明如下：

　　（P14）如果這細胞是人類細胞，則它的細胞核有23對染色體。
　　（P15）如果你看到閃電，則你接著會聽到雷聲。

（P16）如果梅山斷層錯動，則嘉義會發生大地震。

（P17）如果你電解水，則陰極會得到氫氣而陽極會得到氧氣。

P14 是一種蘊涵關係（implication）的述句，它的前件表徵的事態，蘊涵了後件表徵的事態；P15 斷言相關關係（correlation），前件與後件的事態之間會相伴變動或具統計上的相關性（見後文）；P16 斷言因果關係（causation），前件事態是後件事態的原因；P17 斷言操控實現關係（manipulative realization），亦即如果操控前件事態使之實現，則後件事態會隨之實現。操控實現有可能同時是蘊涵關係、相關關係或因果關係，但是我們仍然特別指認這種類型的條件關係述句，是因為它預設了人為的干預和操控。

> 邏輯學家通常討論幾種條件句：指示條件句（indicative conditionals）、實質條件句（material conditionals）和反現況條件句（counterfactual conditionals，或直譯為「反事實條件句」）。其中，實質條件句是前件和後件可以完全不相關，只是根據真值表來定義。亦即只有在前件真、後件假的條件下，實質條件句才為假，其他三個情況（前件真後件真、前件假後件真、前件假後件假）都為真。但指示條件句和反現況條件句的真假判斷，並不是根據真值表來定義。「指示條件句」通常指前件真假不定，而且後件和前件相關，所以後件會隨著前件的真假而變動，故其真假值判斷必定要考慮整個條件句的內容；反現況條件句亦然，但與指示條件句不同的是，反現況條件句的前件表達是的與現況（事實）相反的事態。大致而言，「蘊涵關係條件句」和「相關關係條件句」相當於邏輯上的指示條件句，而「因果關係條件句」和「操控實現條件句」相當於邏輯上的「反現況條件句」。但是，科學推理並不等同於邏輯推理，甚至科學家也不見得使用指派真假值的方式來思考，所以，本書並不把科學推理的條件句化約到邏輯條件句上。

參、邏輯與科學推理

雖然科學推理不只是邏輯推理，但也不能違背邏輯。十九世紀末德國數學家和哲學家弗列格（Gottlob Frege, 1848-1925）發明符號邏輯（symbolic logic）之後，利用符號來形構邏輯推理，成為二十世紀時邏輯經驗論重建科學方法的基本取向。雖然科學推理已經不再侷限於邏輯推理和符號化，但邏輯推理仍然是科學推理的基礎，符號化在理解科學推理上也十分有幫助。本書一開始仍然介紹一些基本邏輯的概念和符號表達方式。[3]

基本邏輯包含兩種符號邏輯系統，第一種稱作語句邏輯（sentential logic）或命題邏輯（propositional logic），即是以整個述句為單元，符號用來代表一整個述句，而不考慮述句的內在結構。例如，命題邏輯通常以P, Q, R……等英文大寫字母來代表命題。第二種稱作「述詞邏輯」（predicate logic）或「量化邏輯」（quantified logic），是進一步考慮述句的內在結構，以及述句所指稱的對象之量。所謂述句的內在結構是指述句都是主詞和述詞構成的，要使用不同的符號來表示才能讓其結構顯現。例如：

（Q1）那個化石是恐龍骨骼化石。

「那個化石」是主詞，我們用英文小寫字母 a, b, c 等等來代替；「……是恐龍骨骼化石」是述詞，我們用英文大寫字母 A, B, C, D, E, F……來代表。如此，Q1 可以符號化為 Fa。其中，代替主語的 a, b, c 稱作「個體常元」（individual constant），代表一個特別的個體。大寫的A, B, C, D, E, F……是述詞符號，稱作「述詞常元」（predicate constant）。[4]

　　述詞邏輯之所以又稱作量化邏輯，是因為它考慮到了主詞指稱的對象之量。所謂的「量」就是包含傳統邏輯上的特稱「存在」（有的，至少有一個）與全稱的「所有」（每一），「至少有一個」是「存在量詞」（existential quantifier）；「所有」是「全稱量詞」（universal quantifier）。一般以「∃」來表示「存在」，以「∀」來表示「所有」或「每一」。因此若我們說：

　　（Q2）古代有恐龍。

就表示古代至少有一個東西（entity）是恐龍，至於這個或這些東西是什麼，Q2 並沒有告訴我們，換言之，Q2 沒有斷定哪一個特別的、可以指認出來的對象是恐龍。如此，這個東西是一個未知（不確定的）對象，我們就借用數學上的未知數 x，即變數（variable）來表示。Q2 只告訴我們「存在至少一個東西，存在於古代，而且是恐龍。」我們用 x 來代替「東西」，Q2 就等於：

　　（Q2'）存在x，x在古代存在，且x是恐龍。

令 A ＝「在古代存在」，D ＝「恐龍」，∧＝「而且」，則 Q2' 可以進一步用符號表達成 (Q2'') $\exists x(Ax \land Dx)$。這個借自數學變數的 x，在述詞邏輯上，我們又稱作「個體變元」（individual variable），因為它代表一個「未知的個體」。

　　同樣地，我們也可以運用全稱量詞，來形構量化邏輯的符號式。然而，既然是全稱量詞，它所代表的就不是單一個體，而是我們所論及的範圍內之所有個體（我們所論及的範圍就稱作「論域」〔domain〕）。換言之，總是必須用「個體變元」來表示。如此，

一個最簡單的全稱命題是：

(Q3) ∀ xMx

若 M 是「有質量的」，那麼 Q3 =「所有 x，x 有質量。」這時的 x 完全沒有限定它是什麼，也沒有限定它屬於哪個**種類**。

　　一個使用個體常元和一個述語常元組成的述句是一個單稱述句，如Fa，它也是一個邏輯單純命題（simple proposition）。如果我們使用邏輯連詞（logical connection）來連結一個以上的簡單句，就稱作複合命題（composite proposition），例如Fa ∧ Gb。基本邏輯有五個常用的連詞，構成五種標準複合命題：

否定（negation）：非Fa，符示為~Fa。
連言（conjunction）：Fa而且Ga，Fa ∧ Ga。
選言（disjunction）：Fa或者Gb，Fa ∨ Gb。
條件句（conditional）：如果Fa則Gb（若Fa則Gb），Fa ⊃ Gb。
雙條件句（biconditional）：Fa若且唯若Gb，Fa ≡ Ga。

　　根據主詞的量，我們有「單稱」、「特稱」、「全稱」和「統計」四種述句，在傳統邏輯中，只有談到「特稱」和「全稱」兩種，再加上肯定與否定兩種判斷，所以傳統邏輯只討論四種述句：(1)全稱肯定述句，簡稱A語句，如「所有物種都是演化而來的。」(2)全稱否定述句，簡稱 E 語句，如「所有恐龍都不是冷血動物」。(3)特稱肯定述句，簡稱I語句，如「有些（有的）物種是爬蟲類」。(4)特稱否定述句，簡稱O語句，如「有些（有的）物種

不是爬蟲類」。相同主詞和述詞的四種述句之間的邏輯關係是：

（A'）所有恐龍都是溫血的。　　相反　　（E'）所有恐龍都不是溫血的。

蘊涵　　　　　　矛盾　　　　　　蘊涵

（I'）有的恐龍是溫血的。　　　　（O'）有的恐龍不是溫血的。
次相反

其中，A' 和 E' 是相反關係（contrary），亦即 A' 和 E' 不能同真，但可以同假。I' 和 O' 則是次相反關係（sub-contrary），亦即 I' 和 O' 可以同真，但不能同假。A' 和 I' 與 E' 和 O' 都是蘊涵關係（subalternate），亦即 A' 蘊涵 I'，若 A' 真則 I' 真，A' 假則 I' 真假不定，但 I' 真 A' 未必真；O' 與 E' 之間亦然。最後，A' 和 O' 與 I' 和 E' 之間是矛盾關係（contradiction），亦即兩者不能同真也不能同假，必定一真一假。

但是，傳統邏輯的「全稱述句」如果翻譯成述詞邏輯時，彼此間的關係會改變。例如：

（Q4）所有物種都是演化而來的。

這句話的意思是「任何不管是什麼的東西，只要它是物種，它就是演化來的。」如此，令 x 表示東西，S＝「物種」，E「演化來的」。那麼，Q4 語句的意思就是「所有 x，如果 x 是物種，則 x 是演化來的。」表達成符號式：

(Q4')(∀x)(Sx ⊃ Ex)或

(Q4")(x)(Sx ⊃ Ex)〔此爲另一種表達法，將 ∀ 記號省略。〕

傳統上的特稱述句如「有的物種是演化而來的」，其意思是「至少存在一個東西，它是物種，而且它是演化來的。」表達成符號式是：

(Q5)(∃x)(Sx ∧ Ex)

結果，Q4 就不會蘊涵 Q5，因爲 Q4 是條件句，而 Q5 是連言句（conjunctional statement）。不過，矛盾和相反關係在量化述詞邏輯中仍然保持不變。

　　最後，述句間的相容（compatible）或不相容（incompatible）是重要的關係，所謂「相容」定義爲「可以同眞」，反之「不相容」則是「不能同眞，但可以同假」。換言之，「不相容」的定義相當於傳統邏輯中的「相反」，但傳統邏輯中的「次相反」只是「相容」的一種，因爲「相容」關係容許兩個述句同假，例如蘊涵關係也是相容關係的一種，然而兩個具有蘊涵關係的述句可以同眞、也可以同假。

　　在科學推理中，我們通常以假設（hypothesis）爲前提來推論或者推出的述句本身是假設，而假設需要檢驗。即使一個假設通過檢驗，也不代表它一定就爲眞，它可能只是暫時成立或可接受（acceptable）而已。「眞」（truth）是一個抽象度很高、有很多定義、爭議不休的概念。本書簡單地把「眞」限定在「與事實相符」這樣的意義，只有表達已發生的特別事件或已出現的特別狀態（事實）的述句，才會被指派眞值或假值，換言之，只有單稱和特稱述句才可能被證實爲眞或爲假。在科學中，一個經過檢驗而被接

受為真的假設在日後有可能被其他證據推翻或駁斥，如果我們說該假設通過檢驗所以為真，一旦後來它被證明為假，會產生一述句在某些時刻為真，某些時刻為假的情況，這實在不是「真」和「假」的適當用法。如果我們改說大多數被檢驗的假設是「成立」或「不成立」會比較恰當，那麼假設述句之間的矛盾、蘊涵、相反和不相容、相容等關係可以使用「成立」和「不成立」來重新定義。

肆、基本演繹推理模式

科學推理不只是演繹推理，但也常常利用演繹推理或者可以被表達成演繹推理的模式。本節介紹一些常用的演繹推理模式或規則。首先是傳統邏輯中一個常用的「定言三段論」（categorical syllogism），在具體述句後以述詞邏輯符號來表達這個推論模式如下：

大前提：所有人都會死。$(x)(Hx \supset Dx)$。
小前提：蘇格拉底是人。Ha
結　論：蘇格拉底會死。Da

其中大前提表達一個全稱述句，又稱作「全稱通則」（universal generalization），小前提表達此通則前件的一個個例，則結論是後件的個例必定成立。科學常常使用這個推論，例如：

大前提：所有身體內長出的東西（組織、器官等）都是細胞構成的。
小前提：腫瘤是身體內長出來的。
結　論：腫瘤是細胞構成的。

一旦接受大前提的假設，科學家就可以透過這個推論，去調查腫瘤究竟是不是細胞構成的。

在科學中最常用的演繹推論是條件句演繹，有四種基本模式：肯定前件式（*modus ponens*）、否定後件式（*modus tollens*）、移出律（law of exportation）和條件句三段論（hypothetical syllogism）。肯定前件式和其邏輯式如下（以下只使用命題邏輯符示）：

前提一：如果現在下雨，則地面會溼。P⊃Q
前提二：現在下雨了。P
結　論：地面溼了。∴Q

這個模式是演繹式說明（deductive explanation）的邏輯法則，是本書第二章的主題之一。如果我們把一個以「所有」量詞來描述的全稱通則表達成條件句，則上述的定言三段論也是一個肯定前件的演繹式。

否定後件式和其邏輯式如下：

前提一：如果現在下雨，則地面會溼。P⊃Q
前提二：地面沒溼。～Q
結　論：現在沒下雨。∴～P

這個模式是假設演繹法（hypothetico-deductive method）的邏輯法則。所謂假設演繹法是這樣的推理程序：先建立假設 P，再從假設中演繹出可檢驗的述句 Q，再把述句和經驗比較，如果符合，則印證（confirm）假設，如果不符合（即得到～Q），則反證（disconfirm）

原來的假設（即證明它是假的）。否定後件式是科學推理中最重要的演繹式，不僅因為很多假設述句是使用條件句來表達的，也因為從前提推得結論這推論本身也構成一個條件句（所有前提的連言是前件，結論是後件）——這一點又涉及「移出律」的轉換。

在使用假設演繹法，我們要從一個假設H演繹出可檢驗的述句，可是，這個可檢驗的述句本身也常是一個條件句，例如，有一個假設H「所有生物個體（organisms）都由細胞構成的」，我們要如何檢驗這個假設？實際上，我們所能導出的述句是「如果你觀察任一個生物個體的任何身體組織，則會發現它是由細胞構成的。」這個述句是條件句，假定其邏輯式為 C⊃S，它由H導出，也就是H要蘊涵C⊃S，其邏輯式為H⊃(C⊃S)。但真正與事實或經驗作比較的述句S，那麼我們要如何使用S或~S來印證或反證H？透過移出律。

移出律是這樣一個演繹推論模式：H⊃(C⊃S)等值於(H∧C)⊃S。等值的意思是我們可以從前者推出後者，也可以從後者推出前者，不會改變它們的真值。所以，假定C成立（因為C是操作的執行，如果有執行就成立），那麼一旦出現~S的結果，我們就可以推得~H。

條件句三段論的英文字面直譯是「假設三段論」，但它其實是以三個條件句構成的推論，如：

前提一：如果下雨，則地會溼。P⊃Q
前提二：如果地溼，則易滑倒。Q⊃R
結　論：如果下雨，則易滑倒。∴P⊃R

注意這個模式的結論本身是一個條件句，而且科學知識會採取條件

句的表達形式以作爲結論，例如：

前提一：如果插入螢光基因到大肚魚的受精卵，則由該受精卵發育的大肚魚的體細胞都有螢光基因。

前提二：如果任一隻魚的體細胞內有螢光基因，則它會表現出螢光性狀。

結　論：如果插入螢光基因到大肚魚的受精卵，則該受精卵發育的大肚魚體表會表現出螢光。[5]

這個推論的結論傳達出一個操作的條件和其結果：如果前提一的前件成立，前提二的後件也成立。這個三段論其實是兩次肯定前件的推論組成的。同理，兩次否定後件的操作也可以得到一個否定式的條件句三段論，即 $P \supset Q$ 而且 $Q \supset R$，可推出 $\sim R \supset \sim P$，不過這模式和先前假設演繹法是一樣的。

選言三段論的例子是：

前提一：光是波或者光是粒子。$E \lor F$

前提二：光不是粒子。$\sim F$

結　論：光是波。$\therefore E$

它的意義是如果只有兩個選項可能成立，如果其中一個不成立，剩下一個必定成立。讀者可能會有疑惑：會不會還有第三個選項？何以見剩下的 E（光是波）必定成立？沒錯。如果有三個選項時（E $\lor$ F $\lor$ G），拒絕其一（$\sim$F），則剩下的兩個選項的選言成立（F $\lor$ G），如果再拒絕其一（$\sim$F），最後剩下來的必成立（G）。以此類推。這也是所謂「刪去法」的邏輯，把所有可能選項都列出，再

把不想要或不可行的選項一一刪去，最後留下來的一個必定成立。注意，這個推論並沒有告訴我們如果其中一個 E 成立，另一個 F 是否就不成立？未必，因爲 F 也有可能成立。

還有很多演繹邏輯的推論規則，本章不再介紹，因爲它們在科學推理中並不常用。如果讀者想知道更多，應該去讀基本邏輯教科書。

伍、科學推理的風格和歷史演變

如同前述，科學推理是歷史悠久的「科學方法論」的一環，但它也是新興產物。就筆者所知，第一本明確標榜「科學推理」的重要科學哲學文獻是當代美國科學哲學家吉爾瑞（Ronald Giere, 1938-）於1979年出的第一版《理解科學推理》（*Understanding Scientific Reasoning*）一書，作爲科學方法學的焦點投注到「科學推理」的指標。在吉爾瑞之前，有英國科學哲學家瑪麗・赫絲（Mary Hesse, 1924-）的先驅性作品：1966年出版的《科學中的模型與類比》（Models and Analogies in Science）和1974年出版的《科學推論的結構》（The Structure of Scientific Inference）。

當代重要的加拿大科學哲學家，開拓科學實驗哲學的哈金

《理解科學推理》不斷再版，內容也有翻新，從第四版後加入合作的作者，目前出到第五版。以1991第三版的內容爲準，此書以模型觀點爲基礎，討論如何理解和評價「理論假設」（theoretical hypotheses）、「統計假設」（statistical hypotheses）和「因果假設」（causal hypotheses），吉爾瑞分別爲各假設建立一個六步驟的評價流程（program），應用到種種天文、物理、生物、化學、地質、公共衛生、醫學等不同領域的案例，它們通通都是實際的科學實例，而且有一章特別討論幾個著名的歷史案例，如金星的盈虧、牛頓理論與哈雷彗星、燃素理論的衰落、孟德爾遺傳學和地質學革命，也有一章討論「邊緣科學」（marginal science）如弗洛依德的理論、占星學、不明飛行物等等。不過，此書著重在假設的評價上，並沒有討論「假設的建構」面向。

（Ian Hacking, 1936-）也在1990年代後倡議「科學推理的風格」
（styles of scientific reasoning），這個觀念來自科學史家克隆比
（A. C. Crombie, 1915-1996）的「科學思考的風格」（styles of scientific thinking），哈金援用克隆比的區分，指認科學史上有六種不同的風格：[6]

　　(1) 希臘數學的設準方法（The simple method of postulation）
　　(2) 實驗探測方法（The experimental exploration and measurement）
　　(3) 類比模型的假設建構（Hypothetical construction of analogical models）
　　(4) 由比較與分類來爲變異性排序（Ordering of variety by comparison and taxonomy）
　　(5) 群體規律性的統計分析和機率計算（Statistical analysis of regularities of populations, and the calculus of probabilities）
　　(6) 生成發展的歷史派生（The historical derivation of genetic development）

本書不打算深入討論這些風格，因爲風格並不是模式（patterns），比起「模式」，「風格」是一個更歷史性的概念。哈金企圖使用「科學推理的風格」來強調科學史與科學哲學的方法學應該研究的焦點。影響所及，「科學推理」便繼「理論變遷」（theory change）這歷史性課題後，成爲當代科學哲學的核心課題。
　　吉爾瑞的著作把焦點放在假設的評價上，哈金則沒有明白地表明他在討論評價或建構。美國生物學哲學家達頓（Lindley Darden, 1944-）在1991年出版《科學理論變遷：來自孟德爾遺傳學的策

略》（*Theory Change in Science: Strategies from Mendelian Genet-ics*）一書，標題雖明示「理論變遷」為主題，實際上卻是利用孟德爾遺傳學討論假設的建構和演變的方法學策略——也就是推理的策略，[7] 後來2006年出版的論文集《生物學發現的推理》（*Reasoning in Biological Discoveries: Essay on Mechanisms, Interfield Relations, and Anomaly Resolution*）便直接使用「推理策略」（reasoning strategies）這樣的用詞。對達頓來說，理論（假設）的建構和評價是一整個密不可分的推理歷程。2013年達頓和她的長期合作者克拉弗（Carl Craver）再度合作出版一本《尋找機制》（*In Search of Mechanisms*），這就是一本生物學推理方法論的教科書。

赫絲、哈金、吉爾瑞和達頓都是邏輯經驗論之後的科學哲學家，他們的作品都扣緊科學的歷史實例，並基於嶄新的哲學觀點與由之而來的特別取向、非語言分析的觀念如「模型」、「實驗」、「機制」、「異例」來探討科學推理。然而，也有屬於比較語言分析傳統的科學哲學家，也援用「科學推理」一詞，並出版相關論著，例如《科學推理：貝耶斯取向》（*Scientific Reasoning: The Bayesian Approach*, 1989）是一本集中在統計推理的著作，又如《最佳說明推論》（Inference to the Best Explanation, 1991）一書集中在探討**最佳說明推論**這樣的推理方法。又1990年代後，有很多科學哲學教科書被出版，其內容其實就是在介紹從邏輯經驗論以來科學哲學家對科學推理的種種觀點，例如《閱讀自然之書：科學哲學導論》（*Reading the Book of Nature: An Introduction to the Philosophy of Science*, 1992）和《當代科學哲學》（*Philosophy of Science: A Contemporary Introduction*, 2000）。既然邏輯經驗論屬於語言－邏輯分析的分析哲學傳統，所以這些著作的內容主要探討分析取向的科學哲學觀點，著重於語句和推論的表達，所使用的解說範例多

來自科哲傳統的文獻。[8]

　　筆者的觀點深受赫絲、哈金、吉爾瑞和達頓等科學哲學家的影響，因此相當接受科學哲學應該探討模型、實驗和機制種種非傳統性的觀念。筆者也相信使用那些觀念的推理模式更接近科學家的實際思考方式。但是本書探討的題材仍然有強烈的「語言與邏輯分析」風格，亦即本書探討種種「推理模式」，並企圖將它們表達成具有規則意味的一組述句，這是因為本書所討論的主題，以假設為核心。假設可以相關到一個模型、模擬、實驗或機制，但假設總也可以被表達成一個或一組述句，所以，一個語言分析的取向仍然是重要的，但這絕不意味我們回到邏輯經驗論的傳統。本書與先前分析取向的科哲著作最大的不同之處在於，本書繼承哈金、吉爾瑞、達頓等人的著作風格，盡可能地以歷史上實際出現過的科學假設、觀念、定律、理論為解說的範例，並盡可能地挖掘科學推理時可能會出現的問題，而避開哲學傳統較感興趣的邏輯或哲學概念問題。換言之，本書把以科學實例為探討對象的風格引入語言分析的科哲取向中。此外，在討論傳統觀點的限制時，本書也會引入模型、實驗、機制等等推理模式，但僅是粗略的介紹。關於模型與模擬的推理、實驗推理、機制基礎的推理等等更深入與更細緻的部分，筆者打算日後再來闡述。

　　除了本章外，本書還有五章，第二章「科學說明」（Scientific explanation）是科學哲學近百年來歷久不衰的主題，也是很多科學哲學理論的起點，本書也花費相當篇幅討論經驗論傳統的「說明的涵蓋律模型」（covering-law model），這是因為它的確是近代物理學慣用的一個說明模式。第三章「假設的檢驗」（Tests of hypotheses）討論檢驗假設的推理，也就是傳統所謂的「假設演繹法」，它是最重要的科學推理模式之一，在歷史上被認為源自伽利略。但

是使用這方法會遭遇所謂「證據不足以決定假設」的問題，本書探討這個問題是否可能被克服。第四章「歸納、統計與機率」（Induction, statistics, and probabilities）討論**統計推理模式**和**機率推理模式**，這兩者是很多科學（生物、公衛醫學、社會科學）主要應用的方法，本章從哲學和推理的角度來探討一般統計學教科書所介紹的基本觀念，希望使讀者在學習統計學時，對於相關概念有更清楚的理解。第五章「假設的建構」（The construction of hypotheses）探討建構假設的推理模式，包括建構因果假設的彌爾方法（Mill's methods）和逆推法（abduction），還有建構理論假設的簡單類比（simple analogy）、關係類比（relational analogy）、實質類比（material analogy）、綜合類比（synthetic analogy）、和假設的應用評估與修正等等。第六章「定律與理論」（Laws and theories）討論「科學定律」和「科學理論」這兩個重要的觀念，以及它們在科學推理中的角色。

思考題

一、請指出下列科學述句是哪一種述句？除了主詞的判斷型態外，如果它的述詞也具有特殊的判斷型態，也一併指出來。

　　1. 所有的東西都是由原子所構成的。

　　2. 部分太陽輻射被地球大氣與地表反射出去。

　　3. 下一代碗豆株中，75% 的種子表皮是光滑的，25% 的種子表皮是粗糙的。

　　4. 第二世代碗豆得到親代任一個對偶基因的機會是 1:1。（所謂「對偶基因」是指顯性和隱性的一對基因）。

　　5. 恆星的一生是：由星際物質形成新恆星、穩定主序星時期、膨脹成紅巨星、塌縮成白矮星、進一步塌縮成中子星、以黑洞終結。

　　6. 喜馬拉雅山到今天仍然在上升中，是印度板塊向北頂撞歐亞大陸板塊的結果。

　　7. 恐龍在六千五百萬年前滅絕。

　　8. 地球在泥盆紀末又再一次被冷凍，造成許多生命形態滅絕。

　　9. 如果你在加速器中把粒子一起撞碎，就可以短暫創造使基本力都在相等立足點的條件。

　　10. 光是一種電磁波。

　　11. 兩個氫原子和一個氧原子結合成一個水分子。

　　12. 假使大氣平均溫度降低，空氣中的二氧化碳消耗量也會隨之減少。

二、請將下列科學述句翻譯成量化邏輯的語言。（先把它譯成以個體變項表達的述句，再進一步譯成完全使用符號的邏輯式。請注意，要定義每一個符號代表什麼語詞。讀者親自練習後可以

發現想把科學述句翻譯成邏輯式並不容易，上述問題的用意，在於使讀者透過練習來熟悉符號邏輯的表達方式。即使作這種翻譯不易精確，並不代表你不能恰當地理解科學述句。）

1. 所有的東西都是由原子所構成的。

2. 部分太陽幅射被地球大氣與地表反射出去。

3. 下一代碗豆株中，75% 的種子是光滑的，25% 的種子是粗糙的。

4. 第二世代碗豆得到親代任一個對偶基因的機會是 1:1。

5. 喜馬拉雅山到今天仍然在上升中，是印度板塊向北頂撞歐亞大陸板塊的結果。

6. 地球在泥盆紀末又再一次被冷凍，造成許多生命形態滅絕。

7. 如果你在加速器中把粒子一起撞碎，就可以短暫創造使基本力都在相等立足點的條件。

8. 物體不受外力作用時，靜止者恆保持靜止，運動者恆保持等速直線運動。

9. 質量 m 的物體受到合力為 F 的外力之作用，會產生 a 的加速度。

10. 兩物體分別具有質量 m 和質量 M，則它們之間的萬有引力 U 等於重力常數 G 乘以 m 與 M 的乘積，再除以兩物體的距離平方。

三、請以「成立」和「不成立」這兩個概念來重新定義矛盾、相反、不相容、相容和蘊涵等述句間的關係。

註 釋

[1] 1949年之前，臺灣受日本殖民統治五十年。日本在臺灣留下許多科技建設，臺灣知識分子對於科學和科技並不陌生——特別是生物、醫學和工程，日籍科學家也在臺灣留下了科學研究的足跡，使得臺灣知識分子對於科學是什麼並不陌生，因此似乎沒有什麼特別倡議「科學方法」的行為。或許，想知道日治時期的臺灣知識分子對於「科學方法」是什麼的觀點，必須考察當時的實際科學研究狀況，今天它們已經慢慢被歷史學家揭露，可以參看《科技、醫療與社會》第七期、第十一期的一些相關論文。

[2] 參看殷海光，《思想與方法》（臺北：水牛出版社）。

[3] 本節的介紹仍然相當簡略，讀者若想對基本邏輯有完整的理解，應該去找一本基本邏輯的教科書來研讀。若讀者只想學到可以初步應用和理解邏輯符號的意義，可以看陳瑞麟（2005），《邏輯與思考》增訂新版（臺北：學富）。

[4] 有沒有述詞變元（predicate variable）呢？有。但擁有述詞變元的是另一種邏輯系統，稱作「二階邏輯」（second order logic）——個體詞和述詞都擁有變元。相對於「二階邏輯」，原來的述詞邏輯，就只是「一階邏輯」，即只有個體才被表達成變元所以又常稱「一階述詞邏輯」。

[5] 就這個個案而言，如果一位研究者把螢光基因插入大肚魚的受精卵內，但受精卵發育的大肚魚體表卻沒有表現出螢光，那麼推論錯了嗎？不。問題可能出在於前提二是錯的，因為也許不是任何一種或任何一隻魚的體細胞內有螢光基因，就會表現出螢光的性狀。

[6] 參看 Hacking (2002), *Historical Ontology*, Harvard University Press. Ch. 11 &12. 又 Hacking (2009), *Scientific Reason*. The NTU Press.

[7] 中文介紹可參看陳瑞麟（2012），《認知與評價》第十二章。

[8] 臺灣目前的「科學哲學」研究並沒有特別強調科學推理，但是成功大學的微生物與免疫學家楊倍昌教授曾在2008年出版一本《看不見的工具》，可說是臺灣關於「科學推理」方面的先驅性著作。不過，楊教授的書涉及的題材僅限於生物學。

第二章

科學說明

壹、從神話說明到科學說明

想像我們回到一種對文明知識近乎無知的狀態——例如原始人或史前社會時期——我們沒有地球自轉和繞太陽公轉的知識，不知道周遭動物、昆蟲、草木的名稱，無知於暴風驟雨、火山爆發與地震為什麼會發生……。但我們已經經歷了日月星辰每日升起降落，記著寒冷、溫暖、酷熱、涼爽的季節循環，有很多在外尋覓食物突然遭遇大雨的經驗，全身發燙乏力一段時間後又恢復原狀，或親人子女突然被野獸蟲蛇襲擊而死亡的噩運，這些累積成我們的經驗。經驗使我們萌生好奇心，我們想知道為什麼日月星辰日復一日地升起降落，為什麼烏雲密布的狀況預示著大雷雨，我們對夜晚星星位置與其軌跡感到好奇，也想知道明日或未來會不會有什麼災難降臨。因此，我們開始問「為什麼？」也開始嘗試去回答為什麼那些經驗會發生——針對**為什麼問題**提出答案就是一個「說明」或「解釋」（explanation）。

最初，我們隱隱感到各種經驗都是某些**力量**作用的**結果**。我們直接能觀察到的力量**來源**是自己或其他人，例如雄偉壯碩的酋長一棍打死齜牙咧嘴撲來的野狼；或者巫醫的喃喃咒語治好了昏睡的女兒；或者戰士發怒單人殺死好幾個對手。因此，我們想到狂風暴雨海嘯地震會不會是某種超人、卻隱身不可見的「神靈」，在某種情緒下操弄著大自然的力量？例如風有風神、雨有雨神、海有海神、地震是地牛翻身，太陽每日升起降落是太陽神駕著發光耀眼的馬車橫越天空——對當時的人們而言，這可能他們所能想到的最好說明。然而，今天我們把這類說明視為「神話說明」（mythic explanation）。

在人類文明的進展之下，神話說明慢慢不能使一些好學深思的

人信服，他們產生自然、天性（nature）的觀念，開始感到人類遭遇到的現象和形成的經驗只不過就是事物的天性作用或自然而然的結果。

從西元前第六世紀起，希臘人開始對世界產生了全新的問法。他們問：「世界是由什麼構成的？其構成成分是什麼？如何構成？如何運作？」「世界是由一種成分或多種成分構成？」他們也問「整個世界的形狀如何？位置又如何？」並尋求去了解**變化的過程**：物質如何**出現或發生**（come to being）？一種物質如何會轉形成另種物質？這些問題乃是人類首度走出神話與巫術的思維，進入科學的領域中。提出這些問題和答案的人被公認爲人類歷史上最早的自然哲學家，也就是科學家。

這些最早的科學家不只提出一組全新的問題而已，他們也提供了全新型態的解答。自然不再如神話和巫術所認知般地擁有人性或神性，自然現象也不再是神靈或精靈的活動與發號施令，自然只是純物質的、無生命的、根據自己的天性而運作。這些最早的科學家除了探問世界的構成成分外，也考察一些特殊種類的現象，如地震和日蝕，並嘗試不訴諸任何神靈來說明它們的成因。

希臘自然哲學家的世界是一個有秩序的、有規律、根據其構成物質的本性而穩定運作的世界。反覆無常且充滿神靈干預的世界圖像已被擱置。秩序代替了混沌。這些哲學家引入的思考方式，被亞里斯多德稱爲physikoi或physiologi，因爲它們在探討physis（自然或自然物）**爲什麼會如此發生或顯現的邏輯**（法則）。因此，「說明」就是回答「爲什麼問題」（why-questions）。科學說明就是以科學的方式來回答「爲什麼問題」。但是，什麼是**科學的方式**？

貳、亞里斯多德式的科學說明

一、說明與三段論

要回答「科學的方式」是什麼，意謂要建立區分科學和非科學的標準。這是一個傳統的科學哲學問題，二十世紀前半葉的邏輯經驗論者提出「可印證性」（confirmability），而否證論者提出「可否證性」（falsifiability）來回答。[2] 可是，這兩個標準在一些案例上失之過嚴（一些典型的科學理論如宇宙的大霹靂爆炸理論無法印證也無法否證）、在另一些案例上又失之過寬（算命卜卦等典型的非科學預言可以印證也可以否證，問題在於預言者不願意被檢驗而已），所以科學哲學家大都已放棄提出一個截然分明判準的企圖。

事實上，科學是歷史的產物，也在歷史的遞遭中發展與演變，一度曾被視為科學（如以前的自然哲學和占星學），後來可能不再被視為科學。追溯科學演變的軌跡，把某個時代人們一般視為科學的東西視為**當時的**科學，可能是比較恰當的想法，正如希臘的自然哲學是現代科學的前身，它們當然應該被視為希臘時代的科學。希臘科學在大哲學家亞里斯多德（Aristotle）的理論中達到一個頂峰，他也發展了一套科學說明結合科學推論的理論——也就是著名的四因說和三段論。所以，循著歷史的足跡，本節先介紹亞里斯多德的科學說明。

亞里斯多德認為要獲得真正的知識，只有透過**定言三段論**（categorical syllogisms）。定言三段論是最早被透徹分析的演繹形式，今天屬於「傳統邏輯」（traditional logic）的一部分。然而，一些定言三段論也有相當的知識論意涵。例如，以下這個在邏輯教學中常被列舉的三段論：

大前提：所有人都會死
小前提：蘇格拉底是人
結　論：蘇格拉底會死

定言三段論有很多格式，至少全稱肯定命題是用來回答一個「爲什麼問題」。爲什麼蘇格拉底會死？標準答案是：「因爲，所有人都會死，而且蘇格拉底是人。所以，蘇格拉底會死。」這個答案既是一個「演繹推論」，也是一個「科學說明」，它回答了「爲什麼蘇格拉底會死」這個問題。

從現代科學（例如醫學）的角度來看，這個答案似乎很空洞，因爲它告訴我們的是一些理所當然、自明的理由，它沒有告訴我們蘇格拉底「死亡的原因」（蘇格拉底是自願服毒而死），而且這個答案適用於每個人。可是，不同的人有不同的死因——甲可能死於心臟病、乙可能死於癌症、丙可能死於意外事件等等，定言三段論式的答案完全沒有區分，也無法告訴我們爲什麼甲乙丙等等會因不同的原因而死。對現代人而言，三段論不可能是一個因果說明。可是，對亞里斯多德來說，這正是優點，因爲**真正的知識**必須是普遍的、適用於同種類下的每一個成員。換言之，亞里斯多德想要說的是：任一個人之所會死是因爲他的本性或本質（essence）含有「會死」的性質。而且，這才是一個因果說明，因爲亞里斯多德有一個不同於現代的因果觀念。

二、四因論

對亞里斯多德來說，大前提表達結論描述的事件發生的原因（本質性的原因），小前提表達經驗事實，也是事件發生的充分條件之一，如此三段論也是一種「因果說明」。這個因果說明同時有

一個演繹推論的邏輯結構。問題是，所有原因都是「本質性的原因」嗎？

考慮這個問句：「為什麼這東西是一張木椅？」在亞里斯多德看來，這個問題有好幾個答案。首先，我們可能著重在問「這東西為什麼可以被稱作、或分類到椅子這種類？」則答案是「因為它具有椅子的形狀、功能和作用」。再者，我們也可能因為這張椅子的表面看起來很不像木材，而著重在問「木」字的緣由，則答案將是「因為它是木材做成的」。我們也可能想知道「這東西為什麼會變成一張木椅」？這裡的「為什麼」指「什麼力量」，則答案是「因為工匠製作了這張木椅」。或者，「為什麼」指「什麼目的」，則答案是「因為工匠的目的是造一張椅子」。每個答案都是不同類型的原因。在亞氏的理論中，四個答案分別代表**形式因**（formal cause）、**質料因**（material cause）、**動力因**（efficient cause）和**目的因**（final cause）。這就是亞氏著名的四因論。

亞里斯多德認為，每一個事件的發生或出現，都是這四類型原因的共同作用。例如「為什麼這張椅子會存在（或出現在這兒）？」（Why is there the chair?）這個問題的完整說明必定要先辨認眼前的東西確實是一張椅子（擁有椅子的形式），它由某種質料做成的，它根據某個目的（供人坐著休息）而被某個工匠（動力）造出來。既然亞氏又認為說明應該用三段論的形式來表達，對「這椅子存在」的完整說明就是構造四組三段論：「所有的椅子都有椅子的形式。這是一張椅子。所以它有椅子的形式。」「所有的椅子都由某質料構成的。這是一張椅子。所以它由某質料構成的。」「所有的椅子都為了供人坐著休息而被造出來的。這是一張椅子。所以它為了供人坐著而被造出來的。」「所有的椅子都是被工匠造出來的。這是一張椅子。所以它被某工匠造出來。」

　　當然，這並不表示我們在問任何「爲什麼」的問題時，都必須完整地提出四個原因。亞里斯多德最關心的是一個東西爲什麼會存在的問題，如此要同時涉及四類型原因才能提出完整說明。但是，我們的「爲什麼問題」經常只著重在某個特定面向，如此只需找出特定的原因和說明即可。「爲什麼蘇格拉底是理性的？」因爲「所有人都是理性的動物，蘇格拉底是人（因此也是動物），所以蘇格拉底是理性的。」這是一個「形式因說明」。

　　針對「爲什麼人不吃飯會餓死？」我們大概需要提供一個質料因說明：

大前提：人是由血肉構成的。
小前提：血肉需要食物滋養。
結　論：人需要食物滋養。

「爲什麼彈子球往前運動？」需要一個「動力因說明」。

大前提：物體受力會離開它的自然靜止位置。
小前提：彈子球受到另一顆彈子球的撞擊力。
結　論：因此彈子球離開它的自然靜止位置，往前運動。

　　「爲什麼種子會長成大樹？」則要求一個「目的因說明」，而且要說明這個事實，我們需要一個更複雜的層級推論結構，當然它具有三段論的形式。

　　高層的大前提：任何A物具有實現成B物的潛能，則實現爲B物是A物的目的（普遍性的潛能－實現理論〔potential-actuality theory〕）。

低層的大前提：種子具有實現為大樹的潛能，實現為大樹是種子的目的。

小前提：種子要實現它的目的。

結論：種子會長成大樹。

亞氏使用「目的因說明」來說明種種生物現象，後來的科學家卻對這種說明方式感到懷疑。因為以「種子要實現它長成大樹的目的」來說明「為什麼種子會長成大樹」真的是一種說明嗎？它提供我們知識嗎？它讓我們多知道些什麼嗎？十七世紀崛起的近代科學，開始懷疑四因中除了動力因之外的其他類型原因的必要性，特別是目的因。

三、目的論說明與功能說明

儘管十七世紀後科學家懷疑目的因和目的因說明，可是一直到今天，生物學家在「說明」許多現象時，仍然不得使用「目的」或「目的性」的語彙，例如「雄丹頂鶴對雌丹頂鶴昂首振翅長鳴是為了（in order to）求偶」、「心臟搏動的目的是輸送血液以循環全身」、「人體免疫系統的目的是為了保護人體免於受到外來病菌病毒的侵襲」等等，這些都是目的論說明（teleological explanation）。

目的論說明和亞氏的目的因說明，一樣都是以某事物擁有某目的來說明該事物的存在、變化、行為或效果，因此它們同樣不應該被視為科學說明。可是，不僅生物學家大量地使用目的性的語彙，我們也總是感到生物的目的論說明可以帶給我們知識。特別是，當我們不知道很多事物、現象或行為為什麼會發生時，例如心臟跳個

不停、鮭魚逆流而上、狗總是吐著舌頭等等。一旦我們知道它們的**目的**，我們就擁有知識，而且目的似乎也對「為什麼問題」提供了合理和恰當的答案。

　　反目的論的哲學家和科學家認為，「目的」這個詞必蘊含或預設了人類心靈的意識（consciousness）和意向性（intentionality）。人類一般而言可以意識到、知道自己的目的。因此，把「目的」這個詞彙應用到生物、生物器官或組織上，似乎暗示鮭魚、螞蟻、內臟、甚至細胞等等**知道**它們在做些什麼？但這是極不合理的（也許高等哺乳動物例外？）「目的」這詞彙的使用其實只是一種隱喻（metaphor），然而我們可以使用「功能」（function）一詞來取代。例如我們可以說「汽車引擎的功能是推動車子前進」、「心臟的功能是輸送血液」、「舌頭的功能是品嘗味道」等等，就可以擺脫「目的」一詞的問題，而合理地使用功能說明。例如：為什麼心臟搏動？因為「心臟具有輸送血液的功能，執行或輸送這個功能的行為就是搏動，所以心臟搏動」。這種功能說明可以被承認是科學的，而且我們可以進一步構造功能說明的三段論如下。

　　大前提：具有輸送液體的功能的東西，必定要進行搏動以便實現此功能。
　　小前提：心臟具有輸送血液的功能。
　　結　論：所以心臟會搏動。

　　進一步，我們可以問：功能如何被執行或實現？例如我們可使用單純的機械構造和機械運作的原理來說明汽車引擎功能的執行：因為汽缸內的燃油爆發，推動活塞的上下運動並帶動飛輪，透過連桿、齒輪、輪軸使輪胎轉動，如此推動汽車前進，其中每一個階段

都可以化約成動力（或能量）的「輸入－輸出」（input-output），如此說明了汽車功能的執行──而這也是「功能」一詞的意義（在英語中和數學上的「函數」共用同一個字 function）。同理，心臟的功能也可以使用心臟的構造（左右心室、瓣膜等）和自律神經調控心臟肌肉收縮來說明。現在，我們可以使用「功能說明」再加上對「執行功能的動力說明」來徹底地取代**目的論說明**了嗎？

問題沒有那麼簡單。任何人深入追究，就會發現功能似乎免不了要預設目的。例如，如果我們進一步問「汽車引擎的功能是怎麼來的？」答案將是，因為汽車設計者有一個要推動汽車前進的目的，這個目的引導他去設計汽車引擎，使其能實現此功能。同樣地，我們也可以問「心臟輸送血液的功能是怎麼來的？」答案似乎是來自於演化（天擇和適應），也就是說，演化適應環境（的目的）賦予心臟輸送血液的功能。結果，當我們非得交代功能的來源時，追根究底，功能說明似乎仍然預設了目的，仍然是一種「目的論說明」？這個議題目前仍然沒有定論。

> 過去達爾文的演化論被認為掃除了亞氏目的因說明的殘餘，因為它可以使用演化來說明生物的特徵、構造和功能，而不必訴諸於外在的設計者（如上帝）。可是，生物學哲學家反省發現，演化論提出的演化適應說明本身似乎就是一種「目的論說明」──以「適應環境」為目的，這使得目的論說明又重新抬頭。因為演化論以「適應環境」來說明各種生物的各種特徵和功能為什麼會出現，這是在問「功能是怎麼來的」這問題，而演化論似乎提供了這個問題一個目的論說明？關於生物學目的論的問題，臺灣有兩本博士論文探討這個問題：徐佐銘（1995）的《達爾文演化論中的目的論》（國立臺灣大學哲學博士論文）和邱獻儀（2012），《生物目的性現象的科學說明之研究》（國立中正大學哲學博士論文）。

參、說明即演繹：涵蓋律的說明模式

暫時先撇開目的論和功能說明，也不管形式因、目的因等等。十七世紀後的標準科學說明似乎是一種「涵蓋律說明」（covering-law explanation）。涵蓋律說明意指想回答「為什麼p」的問題，我們要找出一條定律，它可以涵蓋（演繹出）p，如此對p做了一個說明。這似乎和傳統的亞氏三段論說明有類似的邏輯，在很多方面滿足我們對科學說明的直覺。涵蓋律說明又可分成**律則演繹說明**（Deductive-nomological model, DN model）和**歸納統計說明**（Inductive-statistical model, IS model），前者要應用普遍律（general laws），後者應用統計律（statistical laws）。

一、律則演繹說明

「為什麼地球和其他行星能在太空中繞著太陽運轉？」根據牛頓力學，標準答案是：因為地球和其他行星都有一指向太陽中心的向心力（它是重力、也是萬有引力），此向心力和行星在切線方向上的慣性的合力作用，使行星能環繞太陽運轉。又如「為什麼他能用長棍輕鬆移動大石頭？」答案是，根據槓桿定律（力矩＝施力×力臂〔施力點距支點的長度〕），只要一個人設立的支點位置讓施力臂和施力的乘積遠大於抗力臂和石頭重量的乘積即可。又如「為什麼該玩具會浮出水面？」答案是，根據浮力原理，玩具的重量小於同體積的水重量，所以玩具會浮。讓我們把這個說明表達成一個邏輯論證形式如下：

前提一：任何物體放入水中，若物體重量大於同體積液體的重量，則物體沉入水中；反之，若物體之重量小於同體積之液體重，

則物體會浮出液面；若兩者重量相等時，則物體可停留在液體中的任何地方，不浮不沉。

前提二：此玩具被丟入水中

前提三：池中液體是水

前提四：此玩具重量較同體積的水輕。

結　論：故，此玩具浮出水面

其中，前提一表達一條普遍定律，前提二、三、四則是先行條件（antecedent conditions），最後一個述句是結論。同理，行星運轉和槓桿的問題也可以表達成這樣的形式，這樣是否表示所有的科學說明都會有一個共通的邏輯結構？

邏輯經驗論者如韓培爾（Carl G. Hempel, 1905-1997）和否證論者如波柏（Karl Popper, 1902-1994），都主張一個科學說明應該是由定律加上相關的條件來演繹出被說明的現象，這稱作「涵蓋律模式」——意思是科學說明一定要含有定律，而且由定律來涵蓋被說明的現象。但邏輯經驗論者認為定律有普遍律和統計律兩種，所以涵蓋律模式也有兩種：一是從普遍定律演繹出個別事件的「律則演繹模式」；另一是從統計律中導出個別事件發生機率的「歸納統計模式」。波柏則主張科學一定要使用普遍律，但在此我們毋需討論這分歧，以下先討論「律則演繹模式」。

所謂「律則演繹模式」是說一個科學說明是由一組述句組成的，在這組述句中，至少要有一條述句表達一個普遍定律（但當然不限於一個），而且以普遍定律來說明一個現象是使用普遍定律和其他前提一起聯合演繹出結論——結論則是一個描述現象的述句。因此，所有的科學說明都有一個相同的邏輯結構，即以如下形式表示：

普遍定律：$L_1, L_2, ..., L_n$

先行條件：$C_1, C_2, ..., C_m$

結論：E（待說明的經驗事件之描述）

其中，E 要邏輯地從 $L_1, L_2, ..., L_n$ 和 $C_1, C_2, ..., C_m$ 的聯合中演繹出來。而普遍定律和先行條件一起被稱作「說明項」（explanans），待說明的經驗事件之描述則是「被說明項」（explanadum）。

　　一般而言，被說明項就是「為什麼問題」中的問題內容，例如「該玩具浮出水面」、「地球在太空中繞太陽運轉」、「某人甲用一根長棍輕鬆移動那顆大石頭」等，這些都是特定時空下的特定經驗，我們就以（普遍的）經驗定律來說明（演繹）這些特定的經驗現象。然而，問題中的內容也可以是一般的經驗，例如（一）「比水輕的玩具都會浮出水面」、（二）「行星在太空中繞恆星運轉」、（三）「人們可以用長棍輕鬆移動大石頭」等等，它們表達一些經驗的規律，可以稱作「經驗定律」（empirical laws），則它們需要被更抽象、更普遍的「理論定律」（theoretical laws）來說明和演繹。因此，我們使用「浮力原理」來說明經驗定律（一），用「重力理論」（由重力的理論概念和重力定律構成的）來說明（二），用「槓桿定律」來說明（三）。

　　那麼，我們可以用兩條公式來表達這兩種不同層次的說明：

$(EL \wedge C) \supset E$

$(TL \wedge TC) \supset EL$

其中，EL 代表說明項中所有經驗定律的集合，C 代表先行條件的集合，E 代表待說明的特定現象。TL 代表說明項中所有理論定律

的集合，TC 代表（理論性的）先行條件，EL 代表待說明的經驗定律。進一步，我們可能使用層次更高、更抽象、更廣泛的理論來說明層次較低、較不抽象、較狹範圍的理論，例如我們可以使用伽利略落體定律來說明一個特定的自由落體事件，可以使用牛頓重力定律來說明伽利略落體定律，最後使用牛頓三大運動定律說明重力定律。

　　DN模式主張的說明的層次結構（也就是定律的層次結構），看起來似乎很合理、很正確，但在實際的科學史上，先被發現的經驗定律和後來發現的理論定律演繹出來的定律往往是兩回事。例如伽利略所發現的自由落體定律是落體下落距離和下落時間的平方成正比，即 $S \propto t^2$，也就是$S = kt^2$，這意味加速度是個常數。然而在牛頓力學中，重力加速度可以由重力定律導出，即$g = GM/r^2$（其中，G是重力常數，M是地球質量，r是落體和地球質心的距離），它並不是一個常數，而是會隨距離而改變的變數。所以，伽利略的自由落體定律可以從牛頓的重力定律中演繹出來嗎？科學家一般會解釋說伽利略的自由落體加速度只是個似近值，因爲一般在地表附近下落距離和地心半徑（約6000公里）比較起來微乎其微，使得加速度似乎是個常數。但既然DN模式強調的是嚴格的邏輯演繹，就會出現一個困擾：近似解釋如何被納入DN的演繹模式內？這是律則演繹說明的一個麻煩。

　　邏輯經驗論者並非主張任何滿足上列形式的一組命題就是科學說明，一組命題要成爲一個適當的律則演繹科學說明，必須再滿足下列四個適當性條件（conditions of adequacy）：(1)說明項邏輯地蘊含被說明項；(2)說明項必定擁有普遍定律，乃是演繹被說明項時所必要的；(3)普遍定律必須得到高度驗證；(4)先行條件必定爲眞。其中，前兩者是邏輯條件，後兩者是經驗條件。但是，這四項

條件沒有蘊含任何「因果」觀念在其間，亦即我們不必考慮先行條件和被演繹的結論之間是否有因果關係。我們只需考慮被說明的現象之描述，能不能從普遍定律和先行條件中演繹出來，亦即結論是不是大前提的一個個例。如此一來，「律則演繹模式」似乎把「因果」觀念化約成「律則」的觀念了。這似乎也蘊含了我們不必再考慮一個演繹式的說明，是不是必定要回答為什麼的問題，因為重點在於滿足上述四個適當性的條件。問題是，如果不再是回答為什麼的問題，還能被稱為「科學說明」嗎？

二、律則演繹說明的麻煩

上文已經提到律則演繹說明並不能配合科學史的真正情況，除此之外，它還有其他邏輯和語意上的困擾。首先，它主張我們應該把說明化約成演繹，但這馬上面對了第一個質疑：我們如何區分演繹性的科學說明和非說明性的演繹論證？以下列兩個論證來看：

普遍定律：所有人都需要吃飯和睡覺
先行條件：阿土需要吃飯和睡覺（P∧Q）
結　　論：阿土需要吃飯（P）

普遍定律：所有人都需要吃飯或睡覺
先行條件：阿土需要吃飯（P）
結　　論：阿土需要吃飯和睡覺（P∨Q）

這兩個都是演繹論證，而且滿足說明的四個適切性條件，但它們是說明嗎？

對這個質疑的解決方案是增加「預測的條件」。也就是說，要

能作預測的演繹才是說明，單純不作預測的演繹論證則不是說明。例如在說明「此玩具浮出水面」的同時也能預測：「比同體積的水輕的玩具，被投入水中時，都會浮出水面。」則這是一個適當的科學說明。這也意謂說，我們必須在科學說明的四個適當性條件中加上第五條：「此演繹也能作預測」。

事實上，涵蓋律模式更強調科學的預測而不是說明的功能。因為邏輯經驗論是以量化邏輯的觀點來解釋科學定律，亦即「普遍定律」不是傳統上所理解的「全稱肯定命題」，如「所有具質量的物體都具萬有引力」是一個斷言，事實上它應該被理解成一個全稱條件句，亦即「所有的x，如果x是具質量的物體，則x具萬有引力」，因為它是一個條件句，所以不受時空限制，涉及過去、現在、未來，如此可以被我們用來進行預測。我們應該使用量化邏輯來表達一個涵蓋律的科學說明、也就是科學預測如下：

$$(x)(Px \supset Qx) \quad 或者 \quad (x)(Px \wedge Qx \wedge Rx \supset Sx)$$
$$Pa \qquad\qquad Pa$$
$$\therefore Qa \qquad\qquad Qa$$
$$\qquad\qquad\qquad Ra$$
$$\qquad\qquad\qquad \therefore Sa \text{ 可推出 } Sx（即作預測）$$

可是，科學說明一定要具備可預測的條件嗎？熟悉科學史和各種科學理論的人馬上可以提出許多反例。例如目前一個被接受的對「恐龍為什麼會滅絕」的說明是：「六千五百萬年前，有一顆巨大的隕石撞擊地球，引起地表巨大而強烈的爆炸（據說其撞擊的總能量相當於一億顆氫彈爆炸的威力）。這場爆炸引發強烈地震、火山爆發、熔岩流出，波浪高達一千公尺的超級大海嘯襲捲全球，導

致大量生物死亡。撞擊範圍內幾百公里方圓內則產生森林大火，大火的灰燼和火山灰塵上升到地球大氣層中，形成一個厚雲布滿地球上空，隔離地球上植物所需的陽光，改變全球氣候，使得地表植物幾乎都死亡殆盡。草食性動物也因饑餓而死亡，肉食性動物也因沒有食物而死亡。」這是對恐龍滅絕的「災變論」的說明，但這個說明具有說明力卻不具預測力——第一，這巨大的隕石為什麼會撞擊地球？無法從更高層的定律中導出；第二，假定在外太空有一顆類似地球的行星，也演化出類似地球恐龍的生物，而且同樣受到像6,500萬年前撞擊地球同等規模的小行星撞擊時，我們無法預測該「類地球」的「類恐龍」生物是否會滅絕。這就是一個典型的「具說明力卻不具預測力」的科學說明。

同樣地，某種生物有某個獨特特徵的演化說明，也是「具說明力卻不具預測力」的例子。例如現代人類具有智能的大腦是怎麼來的？演化說明會說因為在某個時期，早期人類祖先同時具有「大腦不具現代智能」和「大腦具現代智能」兩種，牠們可能分別散布生活在叢林和草原中，生活在叢林裡「大腦具現代智能」的人類祖先發現草原上的生活比起在叢林更容易獲得食物，而生活在草原上卻使「大腦不具現代智能」的人類祖先易於成為獵食者的獵物，因此產下的後代較少。最後「大腦具現代智能」的人類祖先活存下來。同樣地，這個演化說明並不能預測另一個擁有類人類動物的類地球，也形成類似環境時，該類人類動物一定能在環境天擇的壓力下，演化出類人類智能的外星智能生物。因為該類人類動物是否因基因突變而產生具智能的大腦並不是一件可預測的事。因此，問題仍然存在：說明是否一定要同時具備預測力？上述的例子顯示好的說明未必一定要具有預測力。如果這是真的，主張科學說明一定要能預測就不是很恰當了。

其次，再考慮對下列問題「為什麼石頭失去支撐會往下掉？」提出如下的律則演繹說明：

前提一：所有重物失去支撐都會往下掉$(x)(Hx \land Ux \supset Fx)$
前提二：石頭是重物$(a)(Ca \supset Ha)$
前提三：石頭失去支撐$(a)(Ca \land Ua)$
結　論：所以，石頭往下掉$\therefore Fa$

這完全滿足律則演繹模式和四個適切性條件，而且也能作預測，例如「金屬是重物」，則可以預測金屬失去支撐也會往下掉，可是我們會接受它是一個適當的科學說明嗎？現代科學家顯然認為**不能**，因為它並沒有告訴我們重物（或石頭）失去支撐會往下掉的原因。換言之，它不像牛頓的力學理論一般，可以告訴我們重物是因為地心引力才使得其失去支撐就會往下掉！這似乎意味著科學說明一定要涉及到原因的指認。

涵蓋律模式原本是站在經驗主義的立場上，也企圖透過現代量化邏輯的述句結構分析來消除「因果」這個概念的含糊性──「因果」被視為形上學的概念，無法被經驗掌握。可是，上述的分析卻顯示科學說明似乎無法避開「因果」這個概念？這個問題我們會另文討論。

第三，律則演繹說明的不對稱性問題（asymmetrical problem）被提出來反對律則演繹說明的普遍性。[3] 這個例子如下：假定有一根旗桿垂直地立於地面上，陽光照射在旗桿上，旗桿在地面投射出一道長長的陰影，現在某時某刻，我們可以測量旗桿的長度和陽光與旗桿陰影端點的夾角，然後利用三角函數公式，計算出陰影的長度，如下列的演繹甲。

演繹甲：

L1：陽光照射到物體時，會在地面投射出陰影

L2：垂直直立的物體長度和陰影長度符合三角函數關係

L3：根據三角函數，知道直角三角形一邊和夾角，可以計算出另一邊

C1：陽光照射在旗桿上

C2：旗桿與地面垂直

C3：旗桿在地面產生陰影

C4：旗桿長度被測量是L

C5：陽光和陰影端的夾角是θ

E：陰影長度ℓ等於旗桿長度乘以$\cot\theta$（即$L\cot\theta$）

這個演繹完全滿足 DN 模式，所以，它可以被視為一個「科學說明」。但，我們也可以建立從測量某時陰影長度和夾角來計算旗桿長度的演繹乙，它也完全滿足的 D-N 模式，那麼演繹乙也是一個科學說明嗎？

演繹乙：

L1：陽光照射到物體時，會在地面投射出陰影

L2：垂直直立的物體長度和陰影長度符合三角函數關係

L3：根據三角函數，知道直角三角形一邊和夾角，可以計算出另一邊

C1：陽光照射在旗桿上

C2：旗桿與地面垂直

C3：旗桿在地面產生陰影

C4：陰影長度被測量出是ℓ

C5：陽光和陰影端的夾角是θ

E：旗桿長度L等於陰影長度乘以$\tan\theta$（即$\ell\tan\theta$）

問題是一般我們接受演繹甲是科學說明，即旗桿長度可用來說明陰影的長度；但我們**直覺**上認為影長不能用來說明旗桿的長度——這是一種說明的不對稱。換言之，演繹沒有反對稱，但說明似乎有反對稱。如上例所示，兩者都可以建立適切的 D-N 演繹模式，但前者也許可以看成是說明，後者要看成說明卻有直覺上的障礙。該如何解決這個滿足科學說明的形式、卻違逆直覺的問題？

一般而言，我們有三種解決方案，分別代表三種立場。

第一個解決方案（立場一）否認有這種**直覺**，因此拒絕科學說明和演繹的不對稱性。這是邏輯經驗論傳統的立場，因為它的目的正是要把說明化約到邏輯演繹上。既然說明就是演繹，只要能滿足涵蓋律模式的形式結構和四個適切性條件，就是科學說明，所以上述的演繹乙也是一個科學說明。然而，這個解決方案的困難是，它其實是一種逃避問題的立場——它透過否認有不對稱的直覺來解決問題，其實只是重申或強化原先的立場而已。其次，它也可能混淆了說明和計算的概念，亦即，演繹乙其實是一個計算，可以用來算出旗桿長度，但不能用來回答「為什麼旗桿長度是X」。

第二個解決方案（立場二）則主張科學說明必須考慮因果性，亦即說明一定是因果說明，一定要指出原因並以原因來說明結果。在第一個演繹中，先行條件包含了旗桿長度和陽光照射的夾角，它們是陰影長度的原因，故可以透過旗桿長度來說明陰影長度，反之則否——因為旗桿長度的原因絕不是某時某刻陰影的長度。所以，演繹乙中的先行條件完全不包含旗桿長度的原因，所以演繹乙不是一個科學說明。

　　但第2個解決方案同時拒絕了科學說明必定具有涵蓋律的邏輯結構這樣的主張；它也引起D-N模式究竟是不是一種因果說明的問題。現在，答案是，一些D-N模式的演繹可以是科學說明（因果說明），因為它的先行條件包含有被說明項的原因。但一些D-N模式則不是科學說明——因為它們的先行條件完全不包含被說明項的原因。如此一來，我們必須區分是科學說明的D-N模式和不具科學說明資格的D-N模式。根據上文討論，我們應該增加一個條件：**說明項中的先行條件必須包括被說明項的原因（或原因的一部分）**。但如一來又製造出一些難題，首先，如何判斷先行條件中有被說明項的原因呢？其次，這個方案把因果關係再度引入科學說明裡，違背了DN模式希望把說明化約為邏輯關係的初衷。第三，它有可能排除一些合模式的科學說明，但是部分先行條件明顯不是結論現象的原因，例如使用運動學的公式來說明物體運動的位置，其中其初始條件（一物體一開始的運動速度是零，是一個初始條件，也是一個先行條件）並不是物體運動的原因，但卻決定了物體最終的位置。

　　第三個解決方案（立場三）主張旗桿的案例（含演繹甲和演繹乙）通通都不是說明。因為說明是要回答「為什麼」的問題，但這案例卻是「物體多長」（how long is the thing）的預測或計算的問題，演繹甲和演繹乙是為了回答這個問題而設立的。但是，不管是演繹甲或演繹乙都是使用數學公式所做的計算或預測，它們壓根兒不是在回答為什麼的問題，因此也不是科學說明。這個方案可能反過來主張完全拋棄DN模式的作為科學說明的本質條件或結構。然而，這個方案只是消極地宣稱演繹甲和乙都不是科學說明、而且滿足DN模式的一組述句也未必是，卻沒有提出究竟要具有怎麼樣的條件才算是科學說明？換言之，這個解決方案因為拒絕符合直覺的演繹甲是科學說明，它的進一步負擔就是必須提出科學說明的本質

或模式的交代，否則無法回答為什麼它拒絕這個直覺。

以上三種立場，似乎都有合理之處，但也有其衍生的困難必須進一步解決。但不管如何，這個「不對稱」的難題挑戰了律則演繹模式把「因果」觀念化約成「律則」的企圖。

到目前為止，我們看到律則演繹說明模式至少有「不合科學歷史實情」、「難以區分說明與演繹」和「排除因果觀念導致其他麻煩」這幾個問題導致後來的科學哲學家尋求其他科學說明的方案。

三、歸納統計說明模式

邏輯經驗論者承認另一種主要的說明模式，即歸納統計模式，或簡稱為統計說明模式。例如：

前提一：這桶裡的咖啡豆有 80% 是甲級的。　　　$r(H) = 80\%$
前提二：任意拿出一顆咖啡豆來。　　　　　　　e
$========================$
結論：此咖啡豆有 80% 的機率是甲級。　　　$pr(e \wedge f|H) = 80\%$

其中，H 表示「這桶裡的咖啡豆是甲級的」，$r(H)$ 表示「這桶裡的咖啡豆是甲級的比率」，e 表示「任意拿出一顆咖啡豆」，f 表示「這顆咖啡豆是甲級的」，$pr(e \wedge f|H)$ 表示「在 $r(H)$ 的前提下，這咖啡豆是甲級的機率」。劃雙槓線隔開前提和結論的意思是，前提有很高的機率能推出結論（但不是必然的）。其中前提一又可稱作「統計律」（statistical law），前提二則是先行條件。在（歸納）邏輯上，我們又把這種只具備三條述句的說明模式稱作「統計三段論」（statistical syllogism）。

統計說明在生物、醫學和公衛、政治和經濟上的應用相當廣泛。以醫學公衛為例，公衛研究者常常發布如何如何會有多少機率

得到某病等等。例如：[4]

〔統計說明一〕
統計律：常吃油炸食物者，比不常吃者，得大腸癌的機率高出二倍
先行條件：小華常吃油炸食物，阿土不常吃
＝＝＝＝＝＝＝＝＝＝＝＝＝＝＝＝＝＝＝＝＝＝＝＝＝＝＝
結論：小華比阿土，得大腸癌的機率要高出二倍

　　我們可以說，這個統計說明是想要回答：「爲什麼小華比阿土更容易得到大腸癌？」或者說，這個統計說明提出一個預測：「小華比阿土更容易得到大腸癌」。進而這個說明也指示了某種因果關係：常吃油炸食物是得大腸癌的原因。這暗示了統計說明也無法避開因果的觀念，相反地，科學家往往想透過統計調查來尋求因果關係。

　　既然歸納統計的說明模式也是一種「涵蓋律模式」，那麼統計說明是否也像DN說明一樣需要適切性條件？原來的幾個適切性條件是否可以原封不動地用到統計說明之上？顯然地，原來的適切性條件是因應「演繹推論」的基本性質而提出的，既然統計說明不是一種「演繹推論」，那麼DN模式的適切性條件就不可應用。可是我們仍然得問：什麼是適切的統計說明？

　　這個問題涉及統計律如何產生、以及產生過程是不是適切的問題。首先，研究一般應用抽樣歸納（induction by sample）得到這個統計律，亦即只抽取少量樣本作統計，因爲研究者不太可能將世界所有大腸癌患者都一一加以檢查。如此就會有抽樣歸納是否能準確地反應出**群體**（population）的問題。其次，這個統計說明涉及兩個群體的比較，亦即常吃油炸食物的群體和不常吃的群體。因爲我們並不想要得到大腸癌，所以這個機率又被稱作

「風險」（risk）。假定常吃油炸食物中，每一百人中有4人得大腸癌（4%），不常吃油炸食物的人中，每一百人有2人得大腸癌（2%），則我們說，常吃油炸食物得大腸癌的相對風險（relative risk）比不常吃者要高出二倍（4%÷2%=2）。

公衛和醫學的統計說明通常可以告訴我們一些相對風險，但是我們也常常碰到相對風險的統計數字互相衝突的情況（相較之下，DN說明就不會如此），考慮如下例子：

〔統計說明二〕
統計律：家族病史有大腸癌患者的人，得大腸癌的機率比沒有者高
　　　　40%。
先行條件：阿土的家族有大腸癌患者，小華家族沒有大腸癌患者。
＝＝＝＝＝＝＝＝＝＝＝＝＝＝＝＝＝＝＝＝＝＝＝＝＝＝＝＝＝
結論：阿土比小華得大腸癌的機率要高出40%。

這個說明得到的推論和預測是：「阿土比小華更容易得到大腸癌」，與之前的說明一的預測互相衝突，雖然它們的前提也不相同。在DN模式的科學說明中，我們也會遇到預測互相衝突的情況，但是因為 DN 模式使用普遍定律，故可以尋找一個案例來檢驗這衝突的說明和預測。但是在統計說明的案例中，統計律並不具備「必然性」的模態判斷，以致兩個互相衝突的說明都可以**成立**的情況——這種情況通常被稱為「統計說明的模稜兩可性」（ambiguity of statistical explanation）。為什麼會有這種情況產生呢？其中一個原因是公衛或社會科學的統計說明之中，用來說明現象的因素有很多個——亦即公衛和社會現象一般具有**多因性**（multi-causality），同種現象往往由很多不同的原因來導致其發生。這使得我們無法判斷一個個案出現時，究竟是哪一個原因在起作用。

　　該如何解決這個歧義性和多因性問題？一般而言，科學家發展
幾個方法來解決：(1)盡可能地找出所有的原因或因素，並作一個總
體性的統計考察；(2)使用控制實驗的方式來排除其他因素，精確地
調查一個因素的影響；(3)把各種變項或因素間的互動考慮進去。在
還沒深入探討統計推論和因果推論之前，我們無法詳細討論這些解
決方案。

四、涵蓋律模式的其他問題

　　前文已經對涵蓋律模式作為科學說明的本質提出許多問題，讓
我們整理如下：(1)律則演繹模式的層級結構的主張並不合真正的科
學歷史；(2)使用預測能力來區分「說明性的演繹」和「非說明的演
繹」可能會排除其他「不具預測力的科學說明」；(3)律則演繹模式
企圖避免「因果」觀念，把因果化約成律則的企圖無法成功；(4)
歸納統計模式無法避免「因果」觀念，而且會面臨「多因性」的難
題。除了這四點之外，還有第五點：(5)涵蓋律模式會排除其他廣大
科學實作中的說明，有下列幾個情況。

　　第一，它要依賴於普遍定律或統計律，如此會排除沒有定律的
科學說明。例如，生物學的演化論或地球科學中的板塊構造說。演
化論說明像一個**故事**，例如說明長頸鹿的長脖子、說明白胡椒蛾在
工業革命後大量減少灰胡椒蛾大量增加。板塊構造說則是針對地球
這個特定的對象，要使用地函結構、海床擴張和中洋脊的形成等假
說來說明大陸飄移的現象。像「地函結構」、「海床擴張」和「中
洋脊的形成」假說都不是普遍定律。

　　第二，它也可能排除一些社會科學的說明，因為社會科學可能
沒有普遍定律。雖然社會科學研究有可能產生一些統計律，但如同
上述，統計律往往會有「歧義性」和「多因性」的問題，它們是不

是真正的定律也有爭議。

邏輯經驗論者主張可以有「歷史定律」（社會現象演變的歷史定律），如此可以用來說明某一特定的社會歷史現象。但這種主張受到一個致命的反對：社會現象與自然現象不同，社會由人組成的，人具有意向性（intentionality），有能力對未來預作因應，因此，類似自然科學式的演繹式說明和預測，有可能因為結果不符人們的主觀期待，從而主動造成改變，使得原來的演繹說明和預測失去效力。因此，有不少社會哲學家主張社會科學的說明和自然科學的說明有一個截然差異。

第三，它排除可理解的、比喻性的說明。例如氣體分子動力理論使用許多球體隨機碰撞說明熱能；使用分子間的彈簧說明固體間的熱能；使用水流從高（重力）位能流向低位能來說明電流從高電位能（高電壓）流向低電壓。涵蓋律模式不承認那些是真正的科學說明，而是認為它們只是幫助理解的比喻——但說明的目的，不正是指向**理解**（understanding）嗎？

可是，這些麻煩並不意味「科學說明都不具備有涵蓋律模式」，它只是對「所有的科學說明都要有涵蓋律模式」的主張提出質疑而已，它想爭論的是：我們可能有一些標準的科學說明卻無法用涵蓋律模式來表達。但是，當然我們也有很多科學說明可以適當地使用涵蓋律模式。

肆、非涵蓋律模式的科學說明觀

由於涵蓋律模式作為一個科學說明的普遍理論有許多困難，它排除了許多我們視為標準科學說明的案例，因此哲學家紛紛提出不同的取向。本章討論語用觀點（the pragmatic view）、模型觀點（the model-based view）和機制觀點（the mechanistic view）三種不同取向。

一、語用觀點的科學說明

　　有哲學家主張科學說明只是**一般**說明的一種特別案例；所以說明的適切性分析，必須參考日常論述中的種種形式之說明。其次，說明的目的是**理解**，任何能提供理解的說明，就是一個適切說明，不限於它的形式結構。所以，這派哲學家認爲說明必須考慮情境和脈絡：如「向誰說明？」、「誰在說明」、「如何使對方理解？」他們主張，涵蓋律模式中的「說明項」（explanans）和「被說明項」（explanandum），可以用「說明者」（explaner）和「接受說明者」（explaninee）來代替。例如，說明者和被說明者都是身爲同儕的科學家，則說明者使用的科學說明可能是一連串的數學公式的演繹；如果說明者是兼具大學教授身份的科學家，被說明者是學生，那麼說明者可能大量使用故事，以便使被說明者理解；如果說明者是具科學知識的家長，被說明者是小學童，那麼說明者可能使用更簡單更活潑的比喻，來使小學童得以理解。所有這些未必有相同的邏輯結構、也未必都具有共同的條件，但都是說明。

　　這個觀點的好處是可以解決上述涵蓋律模式面對的問題，它可以根據不同的主題、領域、對象，使用不同的說明模式，使得被涵蓋律排除的說明可以重新被承認爲合法的科學說明。問題是，我們日常生活會使用「explain」這個字，但是否用到這個字的所有情況都是科學說明？也許科學說明須要特定的條件，而涵蓋律模式確實在尋找那特定的條件，以進行科學說明的邏輯重建和邏輯推理，就此而言，分析普通語言中的「說明」之意義可能和科學說明關係不大。換言之，即使我們採納了說明的語用觀點，仍然需要對「科學說明是什麼」、「在科學說明的情境下要怎麼做」提出答案。也許，一個說明之所以是科學說明，不見得基於涵蓋律模式的邏輯條

件，但卻可能基於其他條件？

二、模型基礎的科學說明

第二個取向是模型基礎的科學說明，它主張科學說明是被說明對象的外觀、結構或過程的模擬（simulation），此模擬幫助我們理解被說明的對象（現象）。這意味我們要使用某個東西來模擬被說明的對象，這個**東西**一般就被稱作「模型」（model）。我們把這樣的觀點稱作「模型基礎的說明」，亦即用一個模型來說明現象。

模型基礎取向的第一個問題是：何謂模型？「模型」這個詞被應用得很廣，例如我們有「汽車模型」、「建築模型」、「人形模特兒」等各種不同尺度大小的具體物質，我們也可以把一個畫在紙上的建築或機器構想圖稱作「模型」；有時，我們稱一個概念架構是一個「概念模型」，例如在演化論中，獵（食）物和掠食者之間的演化競爭是一種軍備競賽，掠食者不斷地演化出更強的搜尋和捕獲獵物的本領；同時，獵物也不斷地演化出更強的保護、隱蔽和逃避掠食者的本領，猶如兩個敵對國家的軍備競賽一樣。因此原本用在人類社會國際政治上的軍備競賽，就變成說明這種生物現象的一個概念模型。再來，科學家有時會把一組數學方程式稱作模型，例如統計學中的結構方程模型（structural equation model）和經濟學中簡單凱因斯模型（simple Keynesian model）。[5] 這些可以說是「數學模型」。科學家也可以把一些概念、數學公式、命題轉譯成電腦程式，並輸入預擬的各種參數，以電腦來模擬事物的細部結構或事件的動態演變，這時我們把能夠模擬事物的程式稱作「電腦模型」。例如在電腦上模擬一臺特別的飛行器在某種大氣條件下飛行時，氣流經過飛行器的的流向。還有一些邏輯學家主張所有的模型

都可以被表達成一個共同的邏輯結構，亦即<D; R₁, R₂, .., Rₙ; F₁, F₂, ..,Fₘ > 這樣的一個有序組（ordered tuple）。其中，D是一個有其元素的集合，稱作論域（domain），R₁, R₂, ..., Rₙ 是D論域內的元素間之關係，F₁, F₂ ..., Fₘ是D論域內元素間的函數，讓我們把這稱作「邏輯模型」。換言之，我們可以得到一個模型的分類如下：實體模型、圖像模型、概念模型、數學模型、電腦模型、邏輯模型。

問題是，這些種類的模型是否共享某種本質或特徵？換言之，我們能為「模型」下一個涵蓋每個種類的定義嗎？這是一個困難的問題。大致而言，我們可以作一個粗略的定義：模型表徵了被模擬的對象之結構和結構之變動（動態）。因此，使用模型來說明現象，就是使模型的結構在一定程度上對應了被說明現象（即被模擬的對象）的結構。我們可以看到，模型基礎的說明恰可以用來解決涵蓋律模式不合廣大科學實作的問題。

首先，像演化論和板塊構造說等沒有普遍定律的科學，正是使用模型來作說明：在演化論中，科學家建立一些概念模型來說明「長頸鹿的脖子為什麼這樣長」（此模型為長頸子長頸鹿祖先族群、較短頸子的長頸鹿祖先族群、生存環境的變動、生存競爭而留下後代等等概念之間的關係）、「白胡椒蛾在工業革命後為什麼大量減少」（此模型為白胡椒蛾族群、黑胡椒蛾族群、工業汙染環境、生存競爭而留下後代等等問題）；這種模型也可以被詮釋為一種「故事」。

其次，社會科學也可以使用模型來說明：例如對於特定社會狀態的說明，就是一個之前發生了什麼事的**歷史故事**——這個故事中的特定人物之關係和互動，導致了我們想說明的社會狀態。例如臺灣今天的經濟狀態是政府、人民、國際政治經濟大環境、國際競爭和合作對象之間的互動等，造成了目前的現況。在社會科學中，隱

喻或寓言的本質也正是一種模型。

最後，模型當然可以是類比的。亦即被說明的對象（結構）和說明的模型（結構）之間是一種類比關係。所以，我們用球體的隨機碰撞來類比氣體之間的碰撞；用球體間的彈簧來類比分子間的熱能等等，也是一種科學說明（更詳細的分析參看第五章）。

特別是，有一些模型說明也可以被表達為涵蓋律模式，例如傳統上使用定律作說明的案例，我們可以把「定律」或「定律陳述」表達的內容視為一個理論模型，因為它們陳述的內容總是必須在理想狀況下才能成立，而且定律陳述正是表徵了一組對象之間的關係和函數（應），進而把先行條件視為證明抽象模型的結構和經驗現象的結構之「對應條件」，由此導出的結論也可以是作了一個模型化的說明——這是給予「涵蓋律模式」的科學說明一個**模型化的解釋**。但在這種解釋之下，涵蓋律模式所規定的嚴格演繹關係（亦即適切性條件之一）就不再是必要了，因為從理論模型透過先行條件到結論是一種**去理想化**（de-idealization）、**具體化**（concretization）的操作，而不是**演繹推導**。[6] 這一點顯示模型基礎的說明可以包納涵蓋律模式、又不會排除其他科學說明，是一個更寬廣的說明理論。

三、機制說明

「機制說明」（mechanical explanation）的意思是科學說明應該是描述被說明的現象底層的機制（mechanism），該機制的運作產生了被說明的現象。例如我們想說明「為什麼汽車會跑？」答案就是去描述汽車的運作機制：因為汽車有一具內燃引擎，它有汽缸，內有活塞，活塞連結連桿，連桿和其他零件依序連結齒輪、輪軸、輪胎。當汽缸內噴入油霧時，點火使油霧爆炸燃燒，推動活塞

向下，因此推動連桿、齒輪，帶動輪軸、輪胎，汽車開始跑了——這一連串的語句就是描述出一個汽車引擎運作的機制，也就對「汽車會跑」這種現象作了一個科學說明。這樣看來，機制說明似乎是在底層支持「功能說明」的更進一步的說明。

今天，機制說明廣泛被應用在工程科學、化學、生物學各領域（如細胞學、遺傳學、免疫學、分子生物學、演化論）、甚至社會科學中。問題是，我們是否可以為「機制」提出一個一般性的定義或刻畫？這個問題我們留待日後討論。不過，在此值得先提的是：機制說明與模型基礎的說明可以互相結合，產生一個強而有力的科學說明理論（theory of scientific explanations），足以取代涵蓋律模式。如何結合呢？簡單地說，一個模型表徵了一個機制的結構，一旦我們想知道具有特定結構的機制如何運作時，我們從結構性的模型進入細節性的機制運作之描述，就是一個機制說明。

思考題

一、功能說明和目的論說明有沒有不同之處？或者兩者是同類的說明，因此都是不合法的科學說明？請提出你的觀點並闡明和論證之。

二、對於「為什麼會下雨」這個問題，我們的科學說明如下：「因為地表上的水受熱蒸發，變成水蒸氣上升到天空，在高空遇冷凝結成小水滴。小水滴懸浮在空中飄移，互相凝結成大水滴，重量使空氣無法再承載，就落到地面上來，就是下雨。」請把這個科學說明表達成一個涵蓋律模式的說明。（注意：這裡需要好幾條普遍定律。）

三、律則演繹說明模式企圖把說明化約成演繹，請問這個企圖能成功嗎？它會遭遇什麼問題？該如何解決？它的解決又會碰到什麼問題？

四、律則演繹說明模式也企圖避免把「因果」觀念帶入科學說明之中，或者，此模式企圖把「因果」化約成「律則」，請問這企圖能成功嗎？本章討論「旗桿長度與陰影長度的計算」顯示出一個「說明的不對稱」難題，它挑戰這個企圖，請問律則演繹說明模式的支持者是否能回應這個難題？

五、可以使用涵蓋律模式（含律則演繹與歸納統計兩種模式）來說明歷史現象嗎？如果可以，請舉例。如果不行，也請交代為何不行。這個問題的相關問題是：人文社會科學的說明和自然科學的說明是共享相同的模式、還是有截然不同的模式？

註　釋

[1] 但請注意，原始人或史前社會初民可能有豐富的自然生活知識，例如他們知道如何製作精巧石器或木頭器械、辨識各種野生動植物、更有效率地捕捉到獵物、以及如何在沙漠中尋找水源等等。

[2] 參看陳瑞麟（2010），《科學哲學：理論與歷史》。臺北：群學。

[3] 這個例子得自筆者研究生時代在科學哲學課堂上，由林正弘教授舉出的例子，筆者印象深刻，記憶至今。日後並在這個例子上作了許多思考與改良。它是著名的美籍荷裔科學哲學家范弗拉森（Bas Van Fraassen）提出來的。

[4] 這一點涉及統計和統計推論的評估問題，我們也留到後文中討論。

[5] 結構方程模型是由許多條等式組成的，本書不在此舉例。經濟學教科書普遍使用「模型」一詞，有很多模型（有時冠以經濟學家的名字），如簡單凱因斯模型、延伸的凱因斯模型、總體模型等等。這些模型通常可以用一組方程式來表達，例如簡單凱因斯模型是如下六條等式：$Y = C + I + G$；$C = C_0 + cY_D$，$1 > c > 0$；$I = I_0$; $G = G_0$；$T = T_0 + tY$，$1 > t > 0$；$Y_D = Y + T$（參看賴景昌〔2012〕，《總體經濟學》。臺北：雙葉）。

[6] 其詳細操作可參看《認知與評價》第二章。

第三章

假設的檢驗

科學從假設開始，所有的科學說明，都可看成假設性的說明。

假設的英文hypothesis來自於古希臘文，乃是hypo-thesis的結合。thesis也是來自希臘文的通行英文字，意指一個有理據的主張或論題，hypo-...表示「在……之下；還不到……」的意思，因此，hypothesis表示「還不到一個有理據的主張或論題」，因此它需要尋求理據、需要求證——即對假設作檢驗（testing）。

Hypothesis也有兩個譯詞，一個是「假設」，另一個是「假說」。「假設」可以用來譯另一個英文assumption（又譯成「假定」），它約莫相當於一個「假設性的陳述」（hypothetical statement），它假設某一個簡單的事件或情況的發生，亦即假定某一條件，例如，「假設（如果）我努力用功，則我會通過考試。」「假說」用來表示「假設的理論」（hypothetical theory）或「理論性的假設」（theoretical hypothesis），亦即被暫時設定用來說明一群現象的暫行理論——這種假說就相當於理論。例如生活在愛琴海周遭的古代希臘人企圖說明為什麼日月星辰都從東方升起西方落下，而且船隻駛離海岸時會由船身到桅竿而逐漸下沉（而不是逐漸變小），因此提出「天球－地球」的兩球宇宙假說（宇宙論）；但生活在黃淮大平原的古代中國人則著眼於大地的平坦，而提出「天圓地方」的宇宙論假說。

「假設」雖然不代表事實，但也不是假的，誠如殷海光所言：「一提到假設，有些望文生義的人就以為『假設是假的』；稍懂科學的人知道假設中含有『試行的』（tentative）、『不確定的』（indefinite）、以及『未解決的』（unsolved）等等意念；因此，其中也就含有『姑且這樣說試試，確否且待證實』的意念。」[1] 或許更恰當的譯法是「暫設」或「暫說」，但是舊譯已深入人心、約定俗成，我們仍然從舊譯。

當然，就中文而言，「假」字也有「假借」、「透過」的意思，如「假手他人」，即「當成手段」的意思，就此義而言，「假設」被當成一種求真的手段，這樣理解是很合宜的。

為什麼要作假設或假說？因為我們並不知道眼前所見所感的現象是因為什麼而發生、我們不知道一件事在未來可能會如何發展和演變、我們不知道一件已發生的事件經過是如何等等，但是我們又無法立即得知，我們不清楚要往哪個方向去求知、去掌握事件的經過、去瞭解來龍去脈，所以，我們要作假設。我們使用假設來**說明**現象、**預測**未來的可能狀況、**溯推**（retroduce）已發生的事件經過或原由、**統合**（unify）各種跡象和徵候、**探查**（explore）或**調查**（investigate）更多更多的新奇現象──這些是我們作假說的主要動機。假設提供方向，引導我們去蒐集、追查或實驗以求得證據，沒有假設，我們很難求證──這是假設的主要功能。

把「假設」當成一個主題來討論時，我們會形成三個問題：一個是「這假設是怎麼來的？」或「這假設如何被建構的？」；另一個是「這假設真不真？」或「假設符不符合經驗、真相、事實或實在？」；第三個是「這假設好不好？」我們可以說，第一個涉及「假設的建構」，第二個涉及「假設的（經驗）檢驗」，第三個涉及「假設的評價」。在經驗主義的傳統中，假設被認為只關乎事實、真假與否，因此，「假設的檢驗」往往成為唯一的重點。問題是，在實際的科學實作中，科學假說即使在許多檢驗之後，仍然不易判斷出真假。當有許多假說互相競爭卻又不易判斷其真假時，如何選擇其中一個？此時，我們需要選擇哪一個假說比較好或最好，這就需要「假設的評價」。甚至在某些哲學觀點看來，所謂的「真、假」也是一種價值，所以假設的經驗檢驗或真假的檢驗其實

也是一種評價，可以稱作「經驗評價或真假評價」。

假設的建構、檢驗和評價並不是三個截然不同的脈絡或階段，而有可能是同一個脈絡或階段中的不同面向，亦即在建構假設時，科學家也同時在檢驗和評價各種既存的假設，反過來說，檢驗和評價假設的過程中導致科學家修正假說或建構新假設──修正也是一種建構。當然，這些相關性或不同面向並不妨礙我們將它們分開討論，所以本章的重點就放在**檢驗**上。

壹、假設的意義與類型

我們可以簡單地定義「假設」是「一個陳述，作了某種斷言，相對於一個特定的脈絡或知識背景，可以被檢驗為真或為假（但不一定都能得到這樣的結論）、被印證或被否證、或者被評價為好或壞，但又不能立即相對於該知識背景而得到肯定或否定的判斷或得到決定性的陳述。」假設也是**假設性陳述**（hypothetical statements）。既然我們有各種不同句型的陳述，就有對應的假設性陳述：

(I)單稱假設（singular hypothesis）：主詞是單稱詞，指涉一個特定的對象，例如「他是大老闆」（他看起來像大老闆，我們並不確定知道他是不是大老闆，由種種跡象判斷他是一位大老闆，但我們並不能立即判斷此陳述真或假。）或者「天是球體狀的」（The sky is spherical.）或「月亮是一面明鏡」（The moon is a mirror.）（此為希臘哲學家亞里斯多德的假設，直到十七世紀時，它一直保有假設的資格）。

(II)特稱假設（particular hypothesis）：對應到特稱述句，以某些、少數、多數等開頭的陳述表達的假設，例如「一些大學生很愛

玩」、「多數臺灣人支持臺灣獨立」或者「一些種類的蜘蛛有毒」
（A few kinds of spiders are poisonous.）。

(III)存在假設（existential hypothesis）：設想某事物存在或不
存在，以存在述句的形式表達。例如「火星人存在」（There are
Martians.）、「夸克存在」（Quarks exist.）。其主詞指涉的對象當
時不能被證實存在。

(IV)統計假設（statistical hypothesis）：統計假設在邏輯上屬於
特稱假設，但是統計已是重要的科學方法之一，可給予特稱一個量
的數據。例如「只有20%的臺灣人民支持國民黨」；或者「今年冬
天得流行性感冒的機率達60%」等等。

(V)全稱假設（universal hypothesis）：以全稱陳述句表達的假
設，指涉的範圍涵蓋目標種類的所有對象，例如「所有恆星都是圓
的」（All stars are round）、「所有馬都有蹄」。

(VI)規律假設（regularity hypothesis）：以規律性通則或定律
性的述句（lawlike statement）表達的假設，其假設某一行為或現象
會規律地重複出現。例如「太陽每日從東方升起」；或者「下雨前
刻燕子總是低飛」。

(VII)條件假設（conditional hypothesis）：以條件句形式表達
的假設，其判斷滿足一先行條件時，假設就會成真。例如「如果你
一直往前走，你就可以到達博物館」；或者「如果你用功讀書，則
你會成功」；或者「如果你把酸性溶液倒入鹼性溶液中，它們會中
和」。

(VIII)理論假設（theoretical hypothesis）：即一組結構性或系
統性的條件假設，中文常譯成「假說」，也即是我們一般所謂的
「理論」。例如地球中心說（the geo-centralistic hypothesis）、太
陽中心說（the helio-centralistic hypothesis）、燃素說（the phlogis-

ton hypothesis）、波動說（the wave hypothesis of light）等等。理論和假說（理論假設）是否有所不同？某些人認為是的，理論是已被印證的（證實的），假說是尚未印證的；然而，從歷史演變的觀點來看，很多一度「已證實的理論」後來又被駁斥了、被否證了，如此一來，是否真有什麼標準可以區分出理論和假說呢？

一個陳述是假設與否，必須相對於一特定的脈絡或知識背景。「地球是平的」在過去或許可算是假設，但是在今天已不再是假設了——因為它已被直接證明為假，我們可以上太空看到地球的（橢）圓形形狀。同理，「月亮是一面明鏡」相對於亞里斯多德和希臘的知識背景而言，是一個假設，但是今天它也失去了假設的資格。然而，並非所有的假設都可以被檢驗為真或為假——特別是全稱假設和理論假設。例如牛頓的萬有引力理論假設所有具質量的物體都有萬有引力，可以被檢驗為真或假嗎？我們恐怕永遠無法證明這個全稱假設為真。可是，即使牛頓的萬有引力理論已被愛因斯坦的相對論取代，我們也不能說「萬有引力理論」和「所有具質量的物體都有萬有引力」的假設是假的。我們可以用其他方式來比較或評價牛頓理論和相對論的相對好壞。[2]

在一階量化邏輯中，各種不同的命題被化約成「全稱（條件）命題」和「存在命題」，在傳統邏輯中由「所有」（all）開頭的命題「所有P是Q」，現在被認為應該讀為條件句「每一x，如果x是P，則x是Q」，例如「每一x，如果x是恆星，則x是圓的」。而由「某一」、「某些」（some）開頭的特稱命題「某P是S」，現在被認為應該讀為連言句「存在（有）x，x是P且x是Q」。因此，如果從一階量化邏輯的觀點來看，I，II，III，IV種類型的假設，都該被化約成存在命題。V，VI，VII，VIII種類型的假設，就該被化約成全稱條件命題。但這種邏輯化約並不存在於實際科學的運作中，

在實際上，我們會想要知道一個科學假設的主詞究竟是對什麼或對哪些對象下判斷，述詞對主詞所作的判斷模式又是什麼？簡單地說，科學並不是全然以量化邏輯的方式在思考的。

不管如何，科學家關心的規律、定律、原理、理論等等，在尚未被證實之前，都是假設，而且最好被理解成條件命題的形式——即條件假設。如此，我們可以根據條件句中前件的主詞類型，即主詞指涉對象的量來區分：

(VII-1)特稱：如果你們整學期都出席上課，則你們的成績會及格。

(VII-2)全稱（或不特定的單稱），如：

(A)如果一顆天體是恆星，則它是進行核融合的巨大氫氣球團。

(B)如果一個人的體溫超過攝氏38度，則他發燒。

也就是說，當我們以「不特定的單稱」來表達前件時，我們其實是表達一個全稱（普遍）的條件句。例如 A 句可以翻譯成「所有的 x，如果 x 是天體而且 x 是恆星，則 x 是進行核融合的巨大氫氣球團。」這個條件句的形式就像是**定律**的形式，所以我們可以稱它為「定律似的條件句」（lawlike conditional）。如果它尚未被檢驗，它是一個假設；如果它被證實了，它就變成一個定律。

我們也可以依前件述詞模態來區分成指示條件句（indicative conditionals）與虛擬條件句（subjunctive conditionals）。「指示條件句」是指前件主詞指涉的對象符合當前實際的情況；「虛擬條件句」是指前件主詞指涉的對象不合當前實際的情況，所以又稱作「反現況條件句」（counterfactual conditionals）。

很多人直譯成「反事實條件句」，不過這樣的譯法有可能造成誤解。最主要是中文對於「事實」的用法並不侷限於過去或當前已發生的具體事件，有時抽象的定律所表達的情況也會被稱作事實，例如「重力加速度是每秒平方9.8公尺」是一個事實，換言之，把「事實」用為「真相」或「真理」的同義詞。

(VII-3)指示條件句的例子

(C)如果這隻像馬的動物有黑白條紋，則它是斑馬。

(D)如果民調顯示總統的施政滿意度15%±3%，則總統的全民施政滿意度在12%～18%之間。

C句表示現在有一隻像馬的動物正在被檢查，D句表示現在有個針對總統的民意調查正在進行，但我們並不知道檢查或民調的結果是什麼，所以我們就作了一個條件假設。

(VII-4)虛擬（反現況）條件句

(E)如果你用炸藥炸開岩盤，則會引發山崩。

(F)如果你的BMI（身體質量指數）超過25，則你極可能患了代謝症候群。

(G)如果你有翅膀，則你會飛。

(H)如果你有魔法，則你可以實現任何願望。

這四個句子的前件表達現在並沒有在進行的情況，但是它們都假設如果有這樣的條件存在的話，則後件表達的情況就會發生。這四句又可分成兩組：E和F表達的情況是有可能發生的，但G和H表達的情況是（依目前的經驗而言）不可能發生的。但不管可能或不可能發生，它們都是「虛擬（反現況）條件句」。

貳、假設的經驗檢驗

假設被提出來的目的是作一個**暫時性**的說明和預測，幫助我們理解目前發生的現象，並且提供方向，以便進行檢驗。正因為假設不是定論，所以我們需要作檢驗，而且假設總是針對我們已有的經驗而提出的，所以我們也得使用（未來的）經驗來檢驗假設——這就稱作「經驗檢驗」（empirical tests）。經驗檢驗又有兩種，第一是我們直接使用自己的感官或感覺經驗、或者使用觀察來歸納，例如我們直接觀察像馬的動物是不是有黑白條紋來檢驗條件假設C，這稱作「直接檢驗」（direct tests）。可是，有很多假設不能直接以經驗來檢驗，而是必須經過一些實驗設計或從假設中推導出可經驗的命題來「間接檢驗」（indirect tests）。一般而言，我們通常使用假設演繹法或控制實驗法（the method of controlled experiment）來作間接檢驗。本章先討論假設演繹法，控制實驗法看第五章。

如果我們某次經驗符合或支持某一假設，我們就說該假設有一個「印證例」（confirming instance）；如果我們某次經驗不符合某一假設，我們就說該假設有一個「反證例」（disconfirming instance）或「反例」（counterinstance）。因為假設有各種不同的型態，所以印證例和反例對假設的印證或反證的程度也不相同。

一、直接檢驗

對於不受時空限制的存在和特稱假設（又稱「嚴格存在假設」）而言，我們可以直接使用感官經驗來檢驗，例如「外星生命存在」這個假設要得到驗證，只需找到地球之外的地方（其他行星、星體、甚至太空中）確實存在生命，就可以驗證這個假設，但是我們不可能為這種存在假設找出反證例——所以，嚴格的存在假

設（「某種類的東西存在」）不可能被反證（disconfirmed）。特稱假設如「一些外星生物是有智能的」亦然（它其實預設了一個存在假設），只要我們找到至少兩個個體符合假設的敘述，一個特稱假設就可以被印證，但它不可能被反證——因為我們不可能窮盡地檢驗整個宇宙。

單稱假設可以被印證也可以被反證——因為它針對一個特定對象是否有某性質作假設，我們只需直接觀察該對象，即可以印證或反證。有時單稱假設的印證又特別稱作「證實」（verification）。例如「那隻躲在樹欉後面的動物是斑馬」，只要我們可以直接去樹欉後觀察那隻動物，就可以檢驗此假設。統計假設的印證和反證較複雜，讓我們留到下一章。

全稱、規律、條件和理論假設在邏輯上都是全稱性的條件句，如果有一次經驗符合此假設，它有一個印證例；如果有一次經驗不符合此假說，它有一個反證例。例如「太陽每天從東方升起」，我們每天向東方觀察到太陽升起，我們就對這個假設作了一次直接檢驗，而且作了一次印證。但假定有某天我們並未觀察到太陽從東方升起，那麼我們就作了一次直接反證。如果一個假設要得到高度印證，應該要有很多例子來歸納地支持，即**歸納印證**（inductive confirmation）。有些哲學家（邏輯經驗論者）認為一個反證例只是降低該假設為真的程度（印證度〔degree of confirmation〕），但有些哲學家（否證論者）堅持一個反證例即足以證明該假設為假（falsified）。

高度印證究竟要多高？要有多少歸納的例子？在實務上很難畫出一條明確的界線。假定我們至今都沒有找到一個全稱假設的反例，卻有不少印證例支持它時，那麼應該可以說該假設得到高度印證。讓我們把「至今都沒有找一個反例」當成論證的一個前提，

這稱作「但書條款」（*ceteris paribus clause*）——也就是說，如果一個全稱假設已有不少印證例，**但是**至今都沒有被發現有反例時，則它得到高度印證。讓我們以量化邏輯來表達這種「高度的歸納印證」：

假設：所有x，如果x是R，則x是B。

印證例1：R*a* & B*a*（R*a* 和 B*a* 一起被觀察到。）

印證例2：R*b* & B*b*

……

印證例N：R*n* & B*n*

但書條款Z：～（R*z* & ～B*z*）（至今沒有找到有R卻沒有B的z。）

結論：假設（x）（R*x*→B*x*）被印證了。

二、間接檢驗

有些單稱和全稱（含規律、條件、理論等假設）的假設，需要從假設中引導出一個非假設本身描述的命題，以便作實驗或等待特定的場合來觀察，才能作判斷，這是**間接檢驗**。就單稱假設而言，例如「小華常常咳嗽，可能得到肺結核」，但我們無法直接觀察她咳嗽就斷言她得到肺結核，我們必須作一些檢驗，例如照肺部X光片，由此判斷小華肺部是否和正常人不同；或者進一步作痰的化驗，看看是否會培養出結核菌等等。但是「照肺部X光」或「化驗痰」都不是假設本身所描述的，而是從假設引導出來的操作。如果要檢驗一個全稱假設如「所有的物體失去支撐就會自由落下」，我們無法直接觀察到物體是否「失去支撐」，我們必須引導出一個**檢**

驗條件（testing condition）並在實際上實現該條件，例如「拿起一個物體，去除它的各種支撐（如果它有動力，就去除或關閉它的動力）」，然後再觀察此條件實現時，重物是否會落下。這樣一來，我們檢驗這個假設的推論就被完整地表達成：

假設：所有的物體失去支撐就會自由落下。

檢驗條件：如果鬆開手裡拿的原子筆（除去其支撐），原子筆會自由落下。

〔實際檢驗：鬆開手裡拿的原子筆，並觀察到它自由落下〕

檢驗結果：原子筆自由落下。

結論：此假設得到一個印證例。

當然，我們可以有其他不同的檢驗條件和印證例，例如：

假設：所有的物體失去支撐就會自由落下。

檢驗條件：如果一臺飛機失去動力（除去其支撐），飛機會墜落。

〔實際檢驗：一臺飛機引擎故障失去動力並墜落〕

檢驗結果：那臺飛機（失去動力後）墜落。

結論：此假設得到一個印證例。

這又被稱作「假設演繹法」，是科學傳統的一個主要的推理模式。讓我們使用符號來表達以建立一個假設演繹法的邏輯架構：

假設H

根據H，如果T，則R（If T, then R [by H]）

T且R（T and R [perform T; in consequence, R]）

_____

所以，H有某機率（或大概）爲眞（Therefore, H is probably true.[3]）

在邏輯推論的規則上，這也意謂著H和T聯合導出R，執行E得到R。讓結論「H有某機率爲眞」可以表達成pr(H)，代表H成立的機率。直覺上，H至少要大於1/2才可以被說是成立——因爲我們對一件事是否發生的純猜測判斷，猜中的機率就是1/2，如果一個假說的成立機率不超過1/2，這個假設就不能被說是被印證的。讓我們將這個符號和文字夾雜的敘述再加以純化，形成下列公式：

$(H \land T) \supset R$

$T \land R$

_____

$\therefore pr\ (H)$（>1/2，則H被印證）

同理，反證的推論架構是：

假設H

根據H，如果T則R。

T且非R（T and ~R [perform T, in consequence ~R]）

所以，H被反證了（Therefore, ~H [H is disconfirmed]）

有些哲學家（如邏輯經驗論者）認爲 H 有一個反證例只是降低 pr(H) 的機率數值而已（如果 pr(H) 大於 1/2）。但是，在物理學中，

科學家實際上不會作很多次檢驗或印證，若如此，pr(H) 該如何求得呢？統計性的假設比較有可能求得 pr(H)，全稱性的理論假設的檢驗或印證或反證的判斷十分複雜，很難使用「成立機率」這樣的概念。如此，有些哲學家（如否證論者）則認為一個反證例即足以否證 H（證明 H 為假），因為如假設 H 是一個普遍命題「所有 x，如果 x 是 P，則 x 是 Q」，真正斷言的是「不可能有任何一個 x 是 P 卻不是 Q」，因此如果出現一個「可能例子」（反證例），那麼這個斷言就被證明為假了。可是，實際科學家也很少因為有一個反例就立即主張假設被證明為假，他們可以堅持假設陳述的是**理想狀態**下仍然成立，至於實際上有反例是因為有許多干擾因素使現況沒有如假設般運作，因此一個可以說明一些現象的假設既不能被證明為真、也不能被證明為假，在這種情況下，假設的印證和反證是十分複雜的事，有些哲學家主張應該從模型配合的角度來看待，這是當前科學哲學的主流看法。[4]

三、輔助假設

我們在直接或間接檢驗每一個假設時，都需要其他可能隱而未明言的假設，我們的檢驗才能有效。有時我們完全沒有意識到這些假設，有時則明白地意識到。哲學家所謂的「預設」（presuppositions）就是這種假設，但「預設」一詞通常用在論證場合中，在科學檢驗的場合中，我們把這類假設稱作「輔助假設」（auxiliary hypotheses）。例如根據上文，我們要檢驗「桌上那堆白色粉末是糖」這個假設時，我們的推論如下：

假設：桌上那堆白色粉末是糖。

檢驗條件：如果用舌頭嚐一點，則會感到甜味。

那麼，實際檢驗可能有兩種結果「用舌頭嚐它而且感到甜味」或「用舌頭嚐它而且沒有感到甜味」，結論則是印證或反證。但是，在作這個檢驗時，我們需要假設「我們的舌頭沒有失去味覺」；或者「我們的口腔是乾淨的」；或者「桌上那堆白色粉末確實可以嚐出味道」；或者「桌上那堆白色粉末是實際存在，不是立體投影」等等──這些都是輔助假設。被檢驗的假設就稱作「主要假設」（main hypothesis）或「核心假設」（central hypotheses）。有時科學家會主張在檢驗時，需要先確認輔助假設是否為真，一旦確認後，輔助假設就變成輔助條件（auxiliary conditions）。總之，檢驗的推論包含下列五個成分：主要假設、輔助假設或條件、檢驗條件、檢驗結果、和結論，可以表成如下推論架構：

假設H（H）
輔助假設或輔助條件AH　（AH）
根據H和AH，如果T則R　（If T, then R [by H and AH]）
T且R　（T and R [perform T, in consequence R]）

────────────

所以，H大概真　（pr(H)）

並非所有的輔助假設都可以被確認而變成輔助條件。在科學史上，沒有研究和檢驗可以把所有輔助假設轉變成輔助條件。為什麼很多過去已被印證的假設在後來被否證或推翻，正是因為當初的輔助假設不對。而且有很多互相競爭的假設都可以說明相同的現象，都在相同的檢驗條件下得到印證，也是因為它們有不同的輔助假設。現在，讓我們舉一個科學實例來例示科學家如何在輔助假設的情況下作出檢驗的推論：希臘人已經推論地球是圓的。據說，亞里

斯多德已作這樣的推論：

主要假設：地球是圓的。

檢驗條件：如果站在海邊看駛近的船隻，會先看到桅杆後看到船身。

輔助假設：光直線前進。

檢驗結果：先看到桅杆後看到船身。

結論：地球是圓的。

這個推論還有一個隱藏的輔助條件，根據幾何學的原理（或模型），如圖 1：

因為幾何學的原理或模型是演繹上確定的，它們可以是輔助條件；而「光是直線前進」並不是經驗或理論上確定的（但並不代表沒有經驗證據），所以是一個輔助假設。

四、說明與檢驗

儘管涵蓋律模式並不是科學說明的唯一模式或最好的模式，但是這並不意謂一個具涵蓋律模式的演繹就不是科學說明。相反地，在使用一般定律來演繹出特別現象的學科（主要是物理學）中，很多說明是標準的涵蓋律模式。而且涵蓋律的說明模式和假設演繹法的檢驗架構完全一致。也就是說，把輔助假設或條件和檢驗條件理解成先行條件，而檢驗結果理解成**待說明的現象**時，一個假設演繹的檢驗推論就是一個涵蓋律模式的科學說明，這也意謂著一個涵蓋

律模式的科學說明可以用爲一個印證性的檢驗。

例如我們把上文亞里斯多德以「船駛近岸邊時先看到桅杆後看到船身」的現象當成檢驗「大地是圓的」這假設的印證例時，我們也可以反過來以「大地是圓的（有弧度的）」、「在海邊看駛近的船隻」、「光是直線前進」等等當成「先行條件」（而且必須假設這些條件都爲眞），用來演繹地說明「先看到桅杆後看到船身」的現象。可是，要符合涵蓋律模式，我們需要一個普遍定律，就此案例而言，這個普遍定律由幾何學原理來提供，亦即「所有站在球面上的觀察者，觀察接近自己的物體時，都會先看到其頂端再看到其底部」。

就此而言，我們可以把「一個假設能不能說明一個現象」當成是對這個假設的一個檢驗。例如假設「大地是平的」儘管可以說明我們的視覺經驗——我們在一個平原上一直往前走，強烈感覺大地是平而沒有弧度的。可是，它卻無法說明爲什麼我們在海邊看到船隻駛近時，會先看到桅杆後看到船身。因此，這個「不能說明」或「說明失敗」就可以當成一個經驗的反證。

假定有一個假設已經被提出來說明許多現象，可是它對新現象的預測失敗了，因此它有一個反證。現在，有另一個新假設被提出來和舊假設競爭，它可以成功地預測和說明使舊假設失敗的新現象，那麼，它一定比較好嗎？未必，除非它也可以說明舊假設都能夠合理而成功地說明的那些現象。因此，**能說明**（即說明力）可以被當成檢驗假設的一種方式或標準。

五、競爭性假設之檢驗

在科學史上，針對同一個或同一組現象，不同的科學家往往會提出兩個或更多假設來互相競爭。可是，究竟怎麼樣的假設才可

以互相競爭呢？很多人常會說兩個競爭的假設互相矛盾。如果「矛盾」是指邏輯上「非真即假」的「矛盾命題」（contradictions），即「P與非P互相矛盾」，其定義是「如果P真，則非P必然假」，則邏輯矛盾的假設不能從事競爭，因為兩者是一體兩面，其實是一個假設和它的否定句。例如「這杯液體是水」和「這杯液體不是水」互相矛盾，而「這杯液體不是水」其實是「這杯液體是水」這個假設的否定句而已。

兩個（邏輯）不相容的假說（incompatible hypotheses）才可以說是「互相競爭」。[5] 所謂「不相容」的邏輯定義是指「不能同真，但可以同假」，亦即如果P和Q不相容，若P真則Q假，反之若Q真則P假；但是若P假則Q未必真，或者若Q假則P未必真，因為P和Q有可能都是假。例如「這杯液體是酒」與「這杯液體是水」，如果其一為真，則另一必假，但如果發現「這杯液體不是水」並不能推出「這杯液體是酒」，因為有可能「這杯液體是雙氧水」。我們可以用同一個檢驗（條件）來檢驗互相矛盾的假設（即一個假設和它的否定句），但我們也可以用同一個檢驗操作來檢驗不相容的假設，因為如果我們能檢驗出其一為真，此時必可斷言其他競爭性的假設為假。或者，如果我們能印證其中之一，則對另一提出一個反證。讓我們稱此為「鑑別檢驗」（appraising test）。

在間接檢驗中，我們使用同一個檢驗操作來檢驗兩個競爭性假設，其兩個假設導出的檢驗結果也必定是**不相容的**。換言之，鑑別檢驗的推論結構是：

H   vs.   H'

AH   AH'

根據H和AH，如果T則R   vs.   根據H'和AH'，如果T則R'

T且R且~R'

所以，H被印證，而H'被反證。

具體的例子如（省略其輔助假設）：

H：這杯液體是酸性的　　vs.　H'：這杯液體是鹼性的
共同檢驗條件：如果把石蕊試紙浸入液體中
R：試紙呈現紅色　　vs.　R'：試紙呈現紫色
把石蕊試紙浸入液體，呈現紫色（所以，非呈現紅色）
所以，H'被印證，而H被否證。

　　如果一個假設已被建立時，代表它得到相當的印證，也表示它可以說明一些經驗現象。如果一個新的假設被提出來，而且和已建立的假設不相容時，它會被要求要能說明其競爭對手已經能說明的現象。例如「大地是圓的」假設也被要求要能說明我們在平原上不斷前進的視覺經驗（像平的），該如何說明呢？這個假設的支持者可以設定一個輔助假設：「大地太大了，以致相對之下，人體的高度無法看出其弧度。」這種情況意謂著，很多不相容的假設卻可以說明相同的現象，這也意謂著這個共同現象對兩個不相容的假設都是印證例──這聽起來很奇怪，怎麼會這樣呢？但是仔細一想就不奇怪，因為所有的說明都需要先行條件（而很多先行條件是輔助假設），說明是核心假設和先行條件一起演繹出待說明的現象。不同的核心假設和不同的先行條件就有可能演繹出相同的現象。因為這種現象對兩個競爭的假設而言都是印證例，它就不具鑑別誰成立誰不成立的功能，它也不會是一個鑑別檢驗。

　　如果兩個假設有各自的印證例，但不同的印證例卻是出於不

同的檢驗條件，那麼這些不同的檢驗也不具鑑別的能力。我們可以說，一個檢驗是鑑別檢驗有下列三項條件：

(1)H和H'不相容，亦即H和H'不能同時成立。

(2)H和H'必須能導出相同實驗的執行。

(3)H和H'導出的檢驗條件，其後件R和R'不相同也不相容，亦即不能同時成立。如此，若確定其中一成立，另一必定不成立。

但是，鑑別檢驗只能對競爭的假設作出如下判斷：在兩個假設都沒有被反證的情況下，一個假設被印證時，另一個假設被反證。但這個反證是否能決定性地判定該假設為假呢？

培根（Francis Bacon, 1561-1626）曾使用法官判決的邏輯（必有一勝訴一敗訴），來討論科學檢驗應該要能決定性地判斷兩個互相競爭的假設其一為真，另一為假。他把這種檢驗稱作「十字路口的檢驗」，後來科哲家稱作「決斷檢驗」或「關鍵檢驗」（crucial test）。顯然，「決斷檢驗」也是一種「鑑別檢驗」。否證論者如波柏也接受這個觀念，但他不是主張決斷檢驗可以決定其一為真，而是認為它可以決定性地判定一個假設為假，如此可以得到另一個競爭性的假設暫時受到認可（corroborated）。不管如何，都會有一個問題：何時競爭性假設的鑑別檢驗是一個決斷檢驗？例如在比薩斜塔丟下大小鉛球，可以決定性地檢驗伽利略的自由落體定律「所有物體自由掉落的快慢一樣」，和亞里斯多德的假設「越重物體掉得越快（重物掉得比輕物快）」嗎？可是，即使我們真地在比薩斜塔丟下大小兩個鉛球，而且兩者同時落地，我們就能否證亞里斯多德的假設嗎？亞里斯多德主義者能不能說我們在比薩斜塔上丟下一大團輕棉花和一顆鉛球，而且鉛球比棉花重，結果鉛球比棉花更快

掉落到地面，則此例支持亞里斯多德？哪一個才可以被視爲是決斷檢驗？當然，現代人可以說棉花的體積大、重量輕，受到的空氣浮力較大，因此延緩了其落地時間，而伽利略的「自由落體定律」是描述眞空狀態下的物體掉落狀況。可是，在伽利略的時代，並沒有這樣的精確知識，甚至沒有「眞空狀態」的觀念。

先不管決斷檢驗是否可能，鑑別檢驗通常無法一勞永逸地判定兩個競爭的假設誰眞誰假、誰成立誰不成立。因此競爭的假設總是容許被修正，包括核心假設和輔助假設的修正。

參、假說的修正

在間接檢驗的情況中，我們是由主要假設和輔助假設聯合導出一個檢驗條件，這意謂著檢驗同時指向主要假設和輔助假設。因此當一個假說被反證（有反證例）時，代表主要假設或輔助假設中至少有一個出錯了。面對反證，科學家有兩種基本處理方式可以選擇：放棄或修正。通常一個假設如果被嚴肅地考慮後而提出來，代表它多少能說明一些既存的現象，因此似乎不能輕易放棄。所以，大多數科學家面對反例時會選擇修正。一般而言，有二種修正方式：(1)修正主要假設；(2)保留主要假設而修正某個輔助假設，或者增加一個輔助假設到檢驗推論中。科學家如何修正假設呢？從希臘天文學到近代天文學的轉變與發展，提供了假設修正的極佳範例。

一、輔助假設的修正或增加輔助假設

從古希臘以來，兩球宇宙（two-sphere universe）天文學傳統主張地球是宇宙中心，日月星辰都繞地球運行，已知這個假說（或理論）一般稱作「地球中心說」，由西元第二世紀的托勒密

（Claudius Ptolemy, 90-168 A.D.）集大成。後來哥白尼（Nicholas Copernicus, 1473-1543）在十六世紀提出「太陽中心說」主張「太陽是宇宙中心，除了月亮外，其他行星繞太陽運行；恆星則固定不動。」這兩個理論競爭要說明長久以來人類經驗的天文現象，它們其實是兩個宇宙論，因為對宇宙的結構提出假設是它們的主要目標。而且，這兩個假說都可以說明「日月星辰每日東升西降」的現象——地球中心說使用「日月星辰鑲嵌在天球球面內面，被天球繞其中軸帶動而運行」來說明；太陽中心說使用「地球自己每日自轉一周」來說明上述人類的每日經驗。

使用「地球每日自轉一周」的假設來說明「日月星辰每日東升西降」在希臘時代就有人提出來了。但是托勒密已經爭論說，如果地球自轉，那必定是極大的速率，如此天空中的雲朵和空中漂浮的東西，會不斷地往西移動，自由落體也不會沿直線落下到特定的地點（亦即從一個高塔自由落下的物體將會沿著直線掉落在塔邊，此一般稱為「高塔落體」，是哥白尼假說的反例）。可是，我們並未經驗到空中的雲朵或飛鳥往西移動，我們看到的高塔自由落體沿直線落到塔邊。所以，地球不可能自轉。面對這樣的**反證**，哥白尼提出一個輔助假設：「靠近地面的空氣從不斷地旋轉的地球那裡獲得了運動，因此與地球一起同步運動」，哥白尼的言之下意是，空氣中的雲朵和漂浮物也從空氣中獲得了運動。由這個輔助假設和「地球自轉」這個由「太陽是宇宙中心」衍生而來的假設，就可以說明高塔落體和空氣中的漂浮物不會不斷地往西運動的現象。

可是，哥白尼認為高空的空氣距離地球太遠，不會和地球一起運動。這就意味著地面附近的空氣是被地球帶動的，高空的空氣則不會被地球帶動——那麼高空的空氣是靜止的嗎？若是，地表的空氣豈不是相對於高空的空氣而快速運動？那為何人們感受不到地

表空氣快速地運動呢？最重要的是，人們為什麼感受不到地球在動呢？哥白尼的輔助假設並沒有回答這個問題。伽利略（Galileo Galilei, 1564-1642）修正了哥白尼的輔助假設，提出今天所謂的「慣性原理」（事實上是「圓周慣性原理」，亦即所有從事正圓周運動的物體才會依正圓周運動的本性而持續運動，除非被阻礙）。根據這個原理，地球上的所有物體（包括空氣）都在進行圓周運動，依據正圓周運動的本性，它們將持續和地球同步運動，又因為我們**相對於**地球和空氣的運動是靜止的，所以就不會感受到地球或空氣在運動。

　　高塔落體的問題是針對「周日運動的現象」，除此之外，哥白尼的假說在說明人們觀察到的「太陽繞行黃道的周年運動」以及「行星繞行黃道的運動」時，也面對了恆星周年視差（annual parallax）的反證。

　　為了說明太陽及行星繞行天球黃道的運動，哥白尼必須假設地球繞太陽運轉（公轉），約每365天繞行一周——在人們的視覺經驗中，太陽從白羊座的起點開始相對於黃道十二宮而運動，約每365天會回到原點——今天稱作「公轉」。同樣地，行星分別以不等的日數不斷地繞行太陽，從地球上觀之，就會看到行星在繞行黃道。可是，地球繞太陽的公轉必定是很大的圓形軌道（因為地球是如此大的天體），假定某天夜晚觀察天空一顆恆星，並記錄其高度；半年後再觀察該恆星，根據幾何學的原理，人們應該會看到恆星高度的改變——這就是周年視差。然而，一直到十九世紀時，人們始終觀察不到恆星視差。如此一來，太陽中心說和地動說在十九世紀前不是應該被否證嗎？哥白尼其實在他的假說中增加了一個輔助假設：「恆星所在的天球太大了，其直徑遠大於地球繞太陽公轉的直徑，以致肉眼觀察不出恆星視差。」這個輔助假設使他的假設

不會遭到致命的反證。換言之，他透過輔助假設的修正或增添來消除反證。

即使科學家能夠不斷地增加或修正輔助假設，他們仍然感到他們的修正隨時可能面對反例的威脅，因此他們想出一些暫時性的表述方式，可以使他們的推論避開反例的不斷威脅，例如在表達推論時加上一句「假設所有條件都相同（於我已經表述的）」；或者「假設所有其他條件都保持不變」；或者「假設沒有其他干擾因素」如此等等，這類假設性的條件句，就是方法學上所謂的「但書條款」（ceteris paribus clause）。後來的科學哲學家認為，在使用假設演繹法從普遍定律演繹出一個個別現象時，必須在整個推論中加上但書條款，才能保證普遍定律和輔助假設可以一起演繹出個別現象；或者也可以在普遍定律陳述後加上一個但書條款，使其加上輔助假設可以演繹出個別的現象，但書條款假設普遍定律陳述所描述的是理想狀態下的定律，有時這個定律又被稱作「但書定律」（cp-laws）。可是，但書條款的使用究竟是幫助了科學（保護主要假設免於受到反證而得以繼續發展）還是阻礙了科學（使一個不好的假設得以逃避被否證的命運）？[6]

二、核心假設的修正

在近代天文學的革命與發展中，有一個相關但可以獨立的問題是：天體運行的原因是什麼？希臘人好奇「為什麼日月星辰可以不掉落而繞地球運行」？「什麼原因讓日月星辰繞地球運行？」答案就是天球。具體說來是這樣：天球是固體的，繞其中軸自轉，日月星辰鑲嵌在天球球面內面，被天球的自轉帶動而繞地球作圓周運動。

儘管哥白尼提出太陽中心說，他對這個問題並沒有更好的答

案，他仍然承接希臘人的恆星固體天球，不同的是他的宇宙中心不再是地球，他把行星如何在空間中運行擱在一旁。在很多方面，哥白尼不能擺脫希臘天文學的傳統觀點，例如他也相信彗星是大氣外圍和天體交界的現象，但第谷（Tycho Brahe, 1546-1601）觀察到彗星的軌道穿越在行星之間，給予亞里斯多德的固體天球一個有力的反證：如果有固體天球，必然不可能容許彗星此種軌道。但如果行星不是被固體天球帶動而繞太陽運行，是什麼原因或力量讓他們能在空間中穿行？尤其是，如果根據哥白尼的理論，地球是行星，則是什麼力量讓如此龐大的物體可以在太空中運行？換言之，「地球為什麼會動」就成為哥白尼派的天文學家和物理學家必須解決的核心問題。

從希臘人以來，一直到哥白尼、第谷和伽利略，都相信天體以正圓周而運動。亞里斯多德的傳統相信正圓周運動是天體基於其本性（nature）而產生的行為，而地面物體則基於其本性（重性、輕性等）而進行線性運動。只不過，希臘傳統和第谷相信地球靜止不動，但哥白尼和伽利略假設地球會動。

哥白尼認為地球能自轉和公轉都是出於它的本性——它是圓的天體，天體基於其本性會做圓周運動。伽利略以「慣性運動」的概念來解決高塔落石的反例，亦即，物體基於其本性會保持其原來的狀態，若是已在運動者則將持續地運動，除非外力使其停止。伽利略把「慣性運動」的概念應用到行星（包括地球）上，針對「天體如何運動」這個問題提出一個新的核心假設「行星和地球繞太陽作圓周運行是因為它們的慣性」。因此，天體之所以能不斷地進行圓周運動是因為它們的天性中的慣性，又天體依其本性只能作圓周運動，而且也只有圓周運動才能是慣性運動。因此，這實在是一種「圓周慣性運動」的概念，仍然殘留著亞里斯多德的「本性運動」

的意涵。

克普勒（Johannes Kepler, 1571-1630）根據第谷留下的大量觀察資料，石破天驚地推出行星（包括地球）繞太陽公轉的軌道是橢圓形的。如果行星的運行是正圓周運動才能使用天性或慣性來說明，亦即不需要外力作用，那麼橢圓形的軌道就勢必引入外力了。克普勒相信這個**外力**來自太陽，他從同時代的另一位磁學的開創者吉伯特（William Gilbert, 1544-1603）那裡得到啟發，他相信太陽發出磁吸力和斥力加上行星原本運動的慣性，可以說明它們的橢圓形軌道。也就是，在橢圓形軌道上，太陽位在其中一個焦點的位置上，又行星軌道上距離太陽最遠的一點稱「遠日點」，距太陽最近的一點稱「近日點」。當行星從遠日點移動到近日點時，太陽發出磁吸力，吸引行星靠近；當行星通過近日點時，太陽發出磁斥力，推開行星，使行星遠離直到遠日點。如此十分妥當地說明了行星在橢圓軌道上運行的原因。但是這個說明仍然產生很多麻煩。[7]

笛卡兒（Rene Descartes, 1596-1650）則不接受伽利略的圓周運動是出於慣性的概念，他有一個機械論（mechanism）的主張，相信所有運動的改變都是受到外力碰撞才會發生，如果一個物體沒有受到任何外力作用，它就會保持在原來的狀態——如果靜止就恆保持靜止，如果運動就恆保持等速直線運動。在笛卡兒看來，圓周運動不是自然的運動，而是受力運動，因為它的運動方向不斷地改變，只有受到外力作用才會這樣。如果圓周運動不是慣性運動，行星和地球繞太陽運行就不會是因為慣性。笛卡兒提出一個**天寰渦漩理論**（vortex theory），他相信整個太陽系的空間中充滿一種比空氣更細微的微粒子，它們以漩渦的形式繞太陽運動，從而帶（推）動地球和行星繞太陽運動。

這就是今天牛頓三大運動定律中的慣性定律。科學家常把這定律視為伽利略提出來的，但「直線運動的慣性」其實是笛卡兒提出的。伽利略的慣性運動概念是圓周運動才可以是慣性運動，他使用單擺的例子來證明慣性運動，亦即把一個擺從一定高度釋放時，擺錘將擺到約相同的高度，如果擺繩受到阻礙，它擺盪的角度會改變，但高度仍然一樣。

可是，渦漩理論雖然可以說明行星的公轉，也可以粗略地說明橢圓形的軌道（因為渦漩不必是正圓形的），但卻不容易說明地球的自轉——根據笛卡兒的機械論，圓周運動不是慣性運動，必定受外力作用，所以渦漩如何一方面帶動地球公轉又帶動地球自轉呢？再者笛卡兒的說明方式不易作量上的計算，也受到牛頓的批評。

牛頓爭論：為了保持讓渦漩在相同的運動狀態，必須要有某種「主動原理」（active principle）能把運動傳達給球體和外層渦漩，若沒有此一原理，渦漩就會逐步變慢。但在笛卡兒的機械世界觀中，不可能存在任何造成運動的「主動原理」。參看陳瑞麟（2004：138-139）。

今天科學教科書中對天體運行的標準說明是牛頓的理論（假說）。牛頓（Isaac Newton, 1643-1727）提出萬有引力理論，主張太陽和行星之間存在相互作用的萬有引力（universal attraction），它是一種從行星指向太陽的**向心力**（centripetal force），它時時刻刻作用在行星上以改變行星依其慣性在切線方向上的運動，使行星的運動軌跡變成繞太陽運轉的橢圓形，亦即，行星繞太陽的運行是兩個運動的組合。如下圖：

　　從哥白尼提出太陽中心說以來，天文學家和物理學家面對「什麼原因使地球運動」的問題，提出許多假說（包含核心假設和輔助假設），有時核心假設被修正但輔助假設（地球的軌道形狀）不變（例如從哥白尼到伽利略，或從克普勒到笛卡兒），有時連輔助假設一齊被修正（例如從伽利略到克普勒、到笛卡兒，或從伽利略、克普勒到牛頓，或從笛卡兒到牛頓）。但是，如果核心假設和輔助假設都一齊被修正的話，那還算是一種「修正」嗎？又從克普勒的假設到笛卡兒的假設只是一種修正嗎？這些科學家都主張地動說，都是「哥白尼派」，但是他們其實提出截然不同的假說。那麼，他們究竟是同學派的人只是針對核心假設作修正，還是提出全新假說的不同學派的科學家？這是一個如何理解、編寫科學史的重要課題，但非本書的重點。

　　在核心假設和輔助假設的修正課題中，有一點值得注意的是：核心假設和輔助假設的區分是針對「待回答的問題」而設定的，有的核心假設在其他問題上時會變成輔助假設，例如哥白尼與伽利略的「本性和慣性原理」對「什麼原因使地球運動」的問題而言是核心假設（地球依其慣性而運動），但是對「地球究竟有沒有在動」的問題而言，卻是輔助假設（地球周遭大氣依其慣性而保持和地球同步運動）。

三、假說的特置修正問題

　　假設固然可以修正，卻不是任何形式的修正都可以或應該被接受。如果一個假設遭到一個反證，支持該假設的科學家提出新的輔助假設如「該反證的資料不齊全」、「該反例是一個特例」、「該反例的資料可能受到汙染」等等來否定反證的效力，以保住假設，哲學家把這種假設稱作「特置假設」（ad hoc hypotheses），亦即

針對特定的例子而**特別設置**的假設，使用特置假設來修正整個假設使其避開反例的方式，又稱作「特置修正」。

　　特置修正能不能被接受？該不該被接受？對於重視科學推理中邏輯嚴格性的哲學家而言，特置修正就像是一種「技術犯規」，採用者不是依靠理論假設本身的真正實力，而是依靠一些技術上的小技巧來挽救理論，不足為訓。因此，應該把「不得使用特置修正」訂為一條方法學規則。使用特置假設來保護自己偏愛的假說之科學家應該被判定為非理性的。可是，對於重視科學歷史實際複雜性的哲學家而言，科學研究並不是具有明確競賽規則的活動，如果特置修正可以保護起步中的理論假設免於被否證，使它得到充分發展的時間和機會，在後來反而證明自己是對的，那麼，特置假設的使用就有其價值。況且，實際歷史上，有很多大科學家都用過特置假設——他們真的都不理性嗎？再者，究竟要怎麼判斷一個修正是特置的呢？其判準又是什麼？能夠建立一個客觀公認的判準嗎？對於「特置假設和特置修正」的方法學爭論曾是科學哲學史上重要的一頁。[8]

肆、假說能被決定嗎？經驗檢驗的不足

　　假說的經驗檢驗是要使用經驗證據來判斷一個假設被印證或反證，進一步被證明為真或證明為假（否證）。問題是我們能僅依賴經驗證據就充分、完全地判斷一個假說的真假嗎？如果被檢驗的假說是個理論假說，擁有抽象的概念，而且包含了不可觀察的項目，預設許多輔助假設，並需要導出具體條件才能加以檢驗，那麼一次、二次、甚至多次檢驗的經驗證據之效力，能夠被傳遞到理論假說上，使我們得以確鑿無疑地判斷其被完全證實或否證嗎？換言之，單單經驗證據足以決定一個理論假說的真假嗎？早在二十世紀

初科學哲學家杜恩（Pierre Duhem, 1861-1916）就爭論說：不行。後來很多哲學家從不同的角度、以不同的方式、使用不同的語言論證這一點，哲學家把這總稱爲「證據（資料）不足以決定理論」（theory-underdetermination by evidence or data），簡稱「不足（充分）決定論」（underdetermination thesis）。

包括蒯因（W. V. Quine）提出的語意整體論（holism），韓森（N. R. Hanson）和孔恩（Thomas Kuhn）的「觀察背負理論」（theory-ladenness of observation）的主張，孔恩和費耶阿本（Paul Feyerabend）的「不可共量性」（incommensurability）的主張，都是這種「證據不足以決定理論真假」的論證。關於這些宗旨相同，但是立論不盡相同的概念和論題，參看《科學哲學：理論與歷史》一書。

「不足（充分）決定論」其實是從檢驗的邏輯結構中導出的，又可以分成三個次論題。第一個次論題用來拒絕培根式的決斷實驗主張——這是說，科學家可以設計一個決斷性的檢驗，用以檢驗競爭的兩個理論何者爲假（不吻合實驗結果者），如此可以推斷其對手爲眞。這個觀點預設了邏輯上的選言三段論規則：

P ∨ Q
～P
─────
∴ Q

可是，這個邏輯要應用到實際狀況時，必須假定只有兩個假說在競爭，而且必定一眞一假。但是，如同前文已說明，互相競爭的假說必定是不相容的，不能同眞但可以同假，所以即使決斷檢驗能斷定其中之一爲假，也不能保證另一個就爲眞。何況，還是有可能有第三、第四個假設被提出來。

　　波柏因此認為決斷檢驗只能否證其中一個假說，另一個未被否證者只是暫時被認可，並非被證明為真。然而，問題是，假說可以被否證（證明為假）嗎？「不足決定論」也給了否定的答案。因為在檢驗的邏輯上，任何檢驗執行後得到的反例，邏輯上反對的是假說中所有命題的連言，而未必是核心假設。亦即，一個被檢驗的假說（MH）和所有輔助假說（AH），以及兩者聯合導出的檢驗條件（TC）一起蘊涵一個可觀察的結果 R。如果執行檢驗並得到非R的結果（T∧～R），那是整個連言MH ∧ AH ∧ T受到否定，然而真正為假的是哪一個？這個推理本身無法告訴我們。亦即

$$(MH \land AH \land TC) \supset R$$
$$TC \land \sim R$$

$$\sim(MH \land AH \land TC)\text{等值於}$$
$$\sim MH \lor \sim AH \lor \sim TC \text{（由狄摩根律〔DeMorgan law〕導出）}$$

　　在這種情況下，如何確認一定是主要假設MH受到經驗證據（～R）的否證？為什麼不會是輔助假設（或其中之一）為假呢？也有可能是檢驗出了問題？如果我們沒有任何邏輯性的方法來確認是哪一個出錯，那就無法談主要假設是否被否證了。

　　不足決定論的第三個次論題有時被稱作「經驗等值性」（empirical equivalency）論題，是一個最強的主張。它拒絕在說明任何一群現象時，我們可以由經驗證據來推斷其中一個假說更值得接受（而不是判斷它為真或否證其對手）。也就是說，科學家可能會想，即使我們不能決定互相競爭的假說中，哪一個為真或者哪一個

被否證（爲假），但我們還是可以考察這些假說的經驗內容多寡，越多的越值得接受。「經驗等值性」的論題主張，針對任何一群現象，在邏輯上，科學家總是調整和修改其理論假說的內容，使其能夠說明這群現象。結果，競爭的每個理論假說都能被修改到經驗等值的。既然如此，我們如何使用經驗證據（被說明的現象）來判斷哪個理論假說更值得接受？

很多哲學家認爲不足決定論是對科學客觀性的一大威脅，因爲科學之所以被認爲客觀，正是因爲競爭的假說可以單單由經驗證據來決定其眞假，而不會受到人們主觀偏好的影響。如果經驗證據不足以決定理論，科學的判斷還能有其客觀性嗎？尤其是，經驗等值性的主張被認爲會導向一種相對主義（relativism）的立場，亦即「理論假說的眞假是相對於某個特定觀點（而不是經驗證據）」，結果每個理論假說的支持者都可以宣稱自己的假說爲眞，即使經驗證據再怎麼不利於自己，也可以不斷地調整和修正。相對主義必然使科學失去客觀性。爲了面對不足決定論的挑戰，哲學家提出許多解決方案，本章我們討論兩條出路：貝耶斯主義（Basyesianism）和（認知）價值判斷。

伍、如何克服不足決定論：貝耶斯主義和價值判斷

一、貝耶斯主義

貝耶斯主義是一種方法學理論，其支持者主張使用貝耶斯定理（Bayesian theorem）來計算證據與假設的信念成立機率，藉以判斷證據的出現究竟能不能帶來假設成立機率的大幅變動。貝耶斯定理是這樣的：

pr(H|e) = pr(H)pr(e|H)／pr(e)

貝耶斯（Thomas Bayes, 1701-1761）是英國數學家和哲學家，他提出貝耶斯定理的觀念，故這個定理被冠以他的名字。

其中，pr(H|e)的意義是已知證據e，則假設H成立的機率，又稱作「經驗機率」（posterior probability，統計學慣稱「事後機率」）；pr(H)則是沒有證據e時假設H的成立機率，是一種「先驗機率」（prior probability，統計學慣稱「事前機率」），意思是獨立於任何證據考察來估算的機率。pr(e|H)乃是在假設H成立的條件下，證據e出現的機率；pr(e)是（沒有假設H時）證據e出現的機率。因此，貝耶斯定理告訴我們的是，假設H成立的經驗機率，乃是由其先驗機率隨著其預測證據e的機率和證據e出現的機率之比值而變動的。貝耶斯主義和歸納主義都會去計算假設成立的機率，但兩者有如下差別。

假定有一個假說H「所有天鵝都是白色的」，這個假說成立的機率，按照歸納主義的說法是，如果目前發現的天鵝都是白色的，則此假說成立的機率是1。可是，如果目前發現一千隻天鵝都是白的，再發現一百隻天鵝，其中有一隻不是白色的，則此假說成立的機率是1099/1100。

貝耶斯主義則是認為此假說成立的先驗機率是1，在提出H之後作檢驗，隨機抽取100隻樣本作檢查，發現只有99隻是白的，因此證據e的經驗機率是pr(e|H) = 99/100，又因為pr(e) = 1（即沒有假說H時證據e出現的機率，即之前已經發現的一千隻天鵝都是白的。）所以，在貝耶斯定理的計算下pr(H|e) = 0.99。

暫不考慮實際的數值計算，純粹就貝耶斯主義蘊涵的概念來

解釋，貝耶斯定理提供給我們的理論評估方式是這樣的：如果一個證據e，不管有沒有假說H，它出現的機率都非常高，則它對此假說的支持力就相對地小。如果一個證據在沒有假說H的提出之下，出現的機率非常低，但有假說H提出之後，出現機率大幅提高，則此證據e對於H的支持力就非常大。以量的計算來看，假定有個證據e在沒有假說 H 時出現的機率是0.9，而有了H假說後，e的出現機率也是0.9，則假說H的經驗機率就等於其先驗機率（pr(H|e) = pr(H)×0.9/0.9 = pr(H)）。如果一證據e' 沒有假說H時出現的機率是0.1，有假說H後出現的機率是0.9。則此證據e'對於假設H的支持度，就比證據e要高9倍。換言之，貝耶斯主義不像歸納主義一樣，把所有證據的比重一視同仁，而是看假說與證據之間的相互關係來判斷假說成立的可能性有多大。

應用在理論選擇上時，顯然兩個不同的假說H和H'，在某時面對相同的證據e，如果其中假說H是導致證據e發現的原因，而H'雖然也能對證據e加以說明，則證據e對於H的支持度要高於H'。或者說，使用H假說作實驗而發現證據e的機率，要高於使用H'假說來作實驗時發現證據e的機率，則相同的證據e對於兩個假說的支持度也不一樣，顯然可以判斷假說H的成立機率高於H'。所以，我們應該選擇H而不是H'。在量的計算上，假定H在直觀上似乎不太能成立（例如根據廣義相對論，空間是彎曲的，似乎牴觸我們的直覺），而H'比較有可能成立（根據牛頓力學，空間是直線的、沒有曲率，似乎符合我們的直覺），因此我們指派H的先驗機率是0.1，而H'的先驗機率是0.9。現在，因為廣義相對論的出現，所以預測光線通過太陽的重力場時會被偏折（因為空間是被大質量物體的重力場「弄彎的」，猶如把一顆鉛球放在拉直的網上），如此在日蝕時可以看到原本被太陽擋住的遠方恆星──這個證據e是因為H的出

現而預測的，而在沒有H時，人們幾乎不會去發現這樣的證據，所以假定pr(e)和pr(e|H')的機率是0.2，而pr(e|H)的機率是1（因為e已經被觀察到了），那麼根據貝耶斯定理的計算，pr(H|e)和pr(H'|e)的成立機率分別是

pr(H|e) = 0.1×1/0.2 = 0.5
pr(H'|e) = 0.9×0.2/0.2 = 0.9

看起來，pr(H|e) 的成立機率仍然低於 pr(H'|e)（這是因為指派給 pr(H') 的先驗機率遠遠高於 pr(H)，如果我們一開始指派 pr(H) = 0.2 或 pr(e) = 0.1，那麼 pr(H|e) 就會高於 pr(H'/e)），但是重點並不在於假說成立機率的大小，而是從先驗機率到經驗機率的變化。H 在證據 e 出現後，成立機率上漲 5 倍，反而 H' 在證據 e 出現之後，成立機率沒有什麼變動。所以，科學家應該選擇 H ──因為它預測了證據 e。雖然 H' 沒有預測到證據 e，但這並不表示被證據 e 否證，因為 H' 的支持者總是可以設法修正輔助假設，使得 H' 也可以說明證據 e，因此證據 e 未必是 H' 的反例。但重點是，證據 e 的出現對於 H' 的成立機率沒有任何強化。因此，貝耶斯主義在相當程度上，就保住了以經驗證據來選擇理論的方法。

　　由於互相競爭的假說，都面對相同的證據e來計算其成立的經驗機率相對先驗機率之變化，因此，證據e的成立機率多少，不會影響兩個假說的成立機率之比較，重點在於證據e相對於假說H和H'的出現機率。

　　貝耶斯主義的首要困難在於「先驗機率」pr(H)和pr(H')要如何指派？再者，如果證據e是從來沒有出現過的證據，則pr(e|H)和pr(e|H')又要如何指派呢？一般而言，如果H可以預測e但H'不能預

測e，那麼當然指派給pr(e|H)的數值應該要高於pr(e|H')的數值。可是，如果H的支持者先預測e，但H'也可以導出e，那麼pr(e|H)和pr(e|H')兩者的成立機率值分別又是如何？也許不同假說的支持者會有不同的指派吧？似乎這種指派具有相當的任意性和主觀性。為了消除這種任意性，也許我們可以使先驗機率的評估依賴於先前已發現的經驗證據。例如我們可以根據已發現的天鵝都是白的來評估pr（所有天鵝都是白的）= 1。所以，如果想賦予一個理論假說成立的先驗機率時，至少我們要將理論語言先翻譯成觀察語言，並考察其現有的經驗支持狀況，但這會面對如何區分「理論語言」和「觀察語言」的困難——這是一個邏輯經驗論傳統的困難。如果完全不看先前的經驗來指派先驗機率，又流於純然的主觀性——因為不同學派的科學家會為不同假說指派截然相反的先驗機率值（自己對自己支持的假說自然有較高的信心），對於pr(e|H)和pr(e|H')的假說指派可能也不相同，結果計算之後的數值變化，有可能還是分別支持他們自己的假設。

貝耶斯主義的第二個困難是：實際上，幾乎沒有科學家是用貝耶斯定理的計算方式、或者其蘊涵的思考方式來作理論的選擇：換言之，歷史上的科學家幾乎都不是貝耶斯主義者。即使一個理論假說的支持者在證據的預測上落後於其對手，支持者也不會因為對手預測證據e的出現，從而成立機率大幅上漲就改而支持對手的假設，科學家總是慣於修正假設甚至使用特置假設，來保住自己的理論。

第三個困難是，在實際的科學史上，因為假說而出現的證據e往往和假說競爭時相隔很遠，例如恆星視差是因為哥白尼的假說而提出的證據，但它直到十九世紀才被觀察到，相隔於日心說和地心說的競爭已是三百年後，然而，日心說早在十七世紀時就被多數科

學家接受了。因此，儘管證據e可能被某個假說提出來，但如果它很難被觀察或證實時，pr(e|H)的值也無法評估和計算，如此貝耶斯主義就很難具有實用性，而且它也很難說明實際的科學史。

二、價值判斷

即使經驗證據不足以決定理論假說的真假，就代表科學家不能在現有競爭中的理論挑選出一個較好的理論假說嗎？即使科學家不能以經驗證據來決定理論假說的選擇，就代表科學沒有客觀性嗎？很多科學哲學家和科學史家已經觀察到在實際歷史上，科學家當然是不斷地在選擇理論與假設，而且他們是由對競爭理論作價值判斷來選擇的。他們所根據的價值是所謂的「認知價值」（cognitive values）如簡潔（simplicity）、一致（consistency）、準確（accuracy）、精確（preciseness）、說明力（explanatory power）、預測力（predictive power）、可靠（reliability）、重要（importance）、豐富（fruitfulness）、寬廣（broadness）等等。這些價值也是一些**理論的優點**（virtues of theories），亦即，科學家傾向於選擇一個更簡潔、更一致、更準確、更具說明力等等性質的假說，就具有這些優點的理論假說作為一個追求的目標而言，它們也是一種價值。此處「價值」被定義成「我們願意花費代價（時間、精力、資源等等）去追求的目標」，亦即我們願意花代價去追求一個滿足簡潔、一致、準確、豐富等價值目標的假說或理論，當我們考察一個理論假說是否能滿足這些價值標準時，我們就是在作評價。

價值判斷首先引發的第一個疑慮是：科學不是價值中立的嗎？為何選擇假說反而是基於價值判斷？其實，這個疑慮是出於對「價值」一詞窄化的理解，把「價值」理解成只與人類行為或道德有關的概念。但是，如果價值是我們願意付出代價去追求的東西，那麼

具有某些特徵的科學理論當然也有其價值，一般而言，我們把應用在科學和知識命題上的價值稱作「認知價值」，應用到人類行爲、道德、藝術其他領域的價值稱作「非認知價值」或「社會價值」。我們是否可以截然區分「認知價值」與「非認知價值」？[9]

對於使用價值判斷來選擇理論的第二個質疑是：價值不是主觀的嗎？使用價值判斷來作選擇很難產生客觀性——正因此，經驗主義者才主張應該由客觀經驗來仲裁理論的眞假，並據以作選擇。然而，我們已經看到不管是實際上或邏輯上，純由客觀經驗來仲裁理論是一個難以實現的理想。如果科學至今被認爲相對上較客觀，而且實際上科學家是出於價值判斷來選擇假說，那麼價值判斷就不會是主觀的。事實上，價值判斷並不是完全無關於經驗或脫離經驗，例如準確、說明力、預測力、可靠這些價值標準和經驗有密切關聯。亦即，「準確」是假設的預測和實際觀察的數值吻合或很接近，「說明力」是假設對經驗現象的說明具說服力，「預測力」是假設對於未來可能經驗的預測很準確，「可靠」是假設對經驗的說明和預測經常可以被接受而不易出錯等等。

對價值判斷的第三個質疑也和客觀性有關：對價值的解釋和應用因人而異，如此一來很難說明爲什麼科學家可以**有共識地**選擇同一個理論。第四個質疑是不同立場的科學家用來判斷假說的價值不同（有人重視寬廣、有人重視精確等），如此同樣很難說明爲什麼科學家可以產生共識，而且價值判斷是否能作爲一個**客觀的科學方法**也令人起疑。以上這些質疑，當然是價值判斷作爲一個重要科學方法的支持者所必須面對的。[10] 關於價值判斷作爲選擇假設的基本方法或機制，還有很多議題值得討論，但是我們暫時停在這裡。

思考題

一、請根據本章對假設的分類，針對每一類別舉出科學史上實際被提出來的假設各一例，並解釋爲什麼你的例子符合每個假設類別的標準。

二、請將第參節第一小節所論述的輔助假設的修正過程，以假設演繹法的形式加以重新表達。

三、爲什麼「地球是宇宙中心」和「太陽是宇宙中心」這兩個假說不相容，卻都能說明我們觀察天體運行的經驗，例如「日月星辰每日都從東方升起、西方落下」，以及「太陽每年會繞行黃道一周、其他行星也分別以不等的周期繞行黃道」等現象？這種現象可以用來鑑別檢驗上述兩個不相容的假說嗎？理由是什麼？有什麼樣的鑑別檢驗被提出來檢驗它們？結果如何？這鑑別檢驗可以成爲一個決斷檢驗嗎？

四、假定有兩個假設 (A)「燃燒是被燃燒的物體釋放某種物質到空氣中」，和 (B)「燃燒是被燃燒的物體吸收空氣中的某物」，請問這兩個實驗是否是競爭性的實驗？你是否能設計一個鑑別檢驗來同時檢驗這兩個假設？請將你的檢驗過程以鑑別檢驗的格式表達出來。請注意要交代你的鑑別檢驗是否能滿足其條件。

五、你認爲一個假設可以被經驗所決定性地判定爲眞或爲假嗎？它可以被完全印證（證實）或否證嗎？不管你的答案是什麼，都請交代你的理由，但是你必須面對反對你論點的主張，反駁它們並辯護你自己的立論。

六、貝耶斯主義是什麼？它有什麼目標？它有什麼優點和缺點？

註　釋

[1] 殷海光（1958），〈論「大膽假設，小心求證」〉，引自「殷海光全集拾肆冊」桂冠版《學術與思想（二）》，臺北桂冠出版社，頁711。

[2] 理論假設的比較和評價是很複雜和困難的事務，這是科學哲學討論的核心課題之一，有各種不同的評價標準被提出和建議，例如歸納證據的量、經驗內容、新奇預測、解題效力等等，相關討論可以參考陳瑞麟（2010），《科學哲學：理論與歷史》。

[3] 感謝2010秋季年「科學推理」修課同學洪志豪建議了這樣的邏輯表示法。

[4] 這一般是採取理論的模型觀點會導出的看法，讀者可以參看陳瑞麟（Chen 2004），"Testing through Realizable Models,"《臺大哲學論評》，27期，頁67-117，還有陳瑞麟（2012），《認知與評價》一書第三章。

[5] 在實際的歷史上，兩個假設互不相容只是它們競爭的一個條件而已，在歷史的脈絡下，「競爭」有更多條件需要滿足。

[6] 陳思廷使用經濟學的案例，對於經濟學家如何使用但書定律有詳細的討論，參看陳思廷（2010），〈以起因結構為基礎的經濟理論建構之分析：從經濟學家的實作面向看〉，《政治與社會哲學評論》，33期，頁97-168。

[7] 例如，太陽如何能剛好在行星通過遠日點和近日點時改變它的施力方向呢？可以回答，太陽的施力方向之改變有一個固定的周期，行星繞太陽的周期恰好是這個周期長度的兩倍。但是，這個答案仍然有很大的麻煩，每個行星的周期都不一樣，因此太陽施加在每個行星上的施力方向改變的周期勢必不一樣。太陽如何能做到這一點呢？正因這些困難，克普勒覺得不能不賦予太陽「精神」一類的東西，換言之，太陽「知道」每個行星的位置，從而能施加不同方向的作用力在不同的行星上。然而，問題是又要如何證實太陽有一個理智性的精神呢？

[8] 本章不打算深入討論「特置假設」的問題，讀者可以參看《科學哲學：理論與歷史》一書。

[9] 更深入的討論可參看《科學哲學：理論與歷史》一書第六章的討論。

[10] 我個人在《認知與評價》一書中，為價值判斷作為科學家選擇理論和模型的基本方式辯護，並面對上述的各種問題。為了平息「客觀性」的質疑，我也發展了一個結構相似度的判準。應用這個判準，第一步得先把理論和理論假設理解成一個模型或階層性的模型家族，分析其理論模型的結構與模型所說明的現象之間的結構相似度。如此可以比較相同現象的不同理論間的結構相似度，透過結構相似度大小的比較來判斷理論假說的優劣。當然，我們也可以使用各種認知價值來作評價，不過，結構相似度可以為各種認知價值提供一個更客觀的參考架構。參看陳瑞麟（2012），《認知與評價》一書。

第四章

歸納、統計與機率

在檢驗假設之前，科學家要先提出假設。科學家如何提出假設？十七世紀以來，科學的主要任務被認為是在發現大自然的規律，因此假設就是提出一個描述大自然規律的通則（generalization），要得到通則就要使用歸納（induction）。

壹、枚舉歸納

歸納、歸納推論（inductive inference）或歸納法（inductive method），可能是人類心智的種種推論能力中最古老的、也可能是人類成長過程中最早出現的。當我們從嬰兒時代開始慢慢產生推論能力，我們所能執行的第一種推論方式，大概就是歸納。例如嬰幼兒看到父母板起臉孔，就推論父母要生氣了，因此趕快撒嬌——因為他記得過去自己調皮時，父母總是先板起臉孔，然後生氣處罰自己。換言之，歸納是一種從過去重複發生的經驗，推論當相似的經驗發生時，將會產生什麼樣的情況（結果）。這個推論過程從小到大，不斷地反覆出現在我們的心智中，變成一種下意識的反應，似乎變成一種「直覺」。但它並不是「直覺」，而是隱而未顯的推論過程。

讓我們把嬰幼兒的推論過程明白有條理地表達如下：

第一次意識到媽咪板起臉，然後生氣，然後處罰我。
第二次看到媽咪板起臉，生氣，然後處罰我。
第三次……

此時，看到媽咪板起臉
推論，媽咪要生氣了，要處罰我。

如果嬰幼兒曾撒嬌而避開處罰，由此他可能會採取撒嬌手段以避開處罰，這也是歸納推論得到的結論。可是，如果媽咪「每次」都「必定」處罰我，嬰幼兒可能推論撒嬌沒有避開處罰的功能，所以不會撒嬌，而是乖乖接受處罰。此時他心中可能形成一個結論：

只要（每次）媽咪板起臉，然後生氣，就會處罰我。

這個結論是一個從重複的個別經驗中而得到的**推廣**（generalization），針對其語句的形式，我們又稱作「通則」。歸納推論，除了預測未來相似事件可能出現之外，也是形成**通則**的推論方法。從重複相似的經驗中作推論，我們又稱作「枚舉歸納」（enumerative induction）。它是最簡單的一種歸納推論形式，有時又稱作「簡單歸納法」。

我們可以把枚舉歸納區分成四種形式：相似經驗的預測、全稱推廣、多數推廣、普查統計推廣。如同上文舉例，最基本的枚舉歸納也許是相似經驗的預測，讓我們使用符號邏輯的表示法來表達其推論形式。

(1)相似經驗的預測：我們可以根據對象的兩個性質一再地同時或先後（相伴）被觀察到，而推出當其中一性質被觀察到時，另一性質也很可能會被觀察到。如此，推出的結論是一個對未來的未知事項的預測。假定 $a, b, ..., n$ 代表個別對象，R和B代表這些個別對象上可能被觀察到的性質。

前提1：Ra & Ba（表示Ra和Ba兩者都被觀察到。）
前提2：Rb & Bb

......

前提N：Rn（假定觀察到Rn，但暫時未觀察到Bn時。）

結論：Bn（可推出Bn極可能也會被觀察到。）

其中Ra, Rb, ... Rn 等表示a, b, ... n等對象都具有R的性質，例如這棵草是綠的、那棵草也是綠的等。同理，Ba, Bb, ... Bn表示a, b, ... , n都具有B的性質，例如這棵草有根，那棵草有根等。這種推論形式，也是之後會討論到的彌爾方法（Mill's methods）中的「相伴變動法」（method of concomitant variation）。

(2)全稱推廣（universal generalization）：我們把上述例子中的兩個性質一起推論，推廣到預測全體同類個體都有兩個性質，如此推出的結論是一個全稱命題（universal proposition）。

前提1：Ra & Ba（Ra和Ba一起被觀察到。）

前提2：Rb & Bb

......

前提N：Rn & Bn

前提Z：～（Rz & ～Bz）（表示沒有找到有R卻沒有B的z。）

結論：$(x)(Rx \rightarrow Bx)$

(3)歸納推廣（inductive generalization）：有時，我們並沒有精確的統計數字，但是也許我們有把握一個約略的量，則我們可以使用一些相對含糊的詞彙來推出一個通則，如此推出的結論是一個沒有精確統計數字的通則似的命題。

前提1：Ra & Ba（Ra和Ba一起被觀察到。）

前提2：R*b* & B*b*

……

前提N：R*n* & B*n*

前提Z：a few R*z* &〜B*z*（相對少數的R*z* 和〜B*z*被觀察到了。）

結論C：Most *x*, if R*x* then B*x*（多數x，如果x是 R，則 x是B。）

(4)普查統計（statistics by census）：所謂「普查統計」乃是指調查所有的目標對象，統計擁有某特徵的對象占全體的比率（rate）或比例（proportion），將比例數字推論出來。例如一個50位小朋友的國小班級，調查結果總共有40人帶手帕，則可以推論「全班80%的小朋友帶手帕」。當然，這種推論是統計推論的一個最簡單的形式。這形式是什麼？我們將它**當作習題**留給讀者。[1]

歸納這種推理模式會使得從前提導出的結論內容超過前提蘊含的內容，因此它不能保全真值，亦即它無法保證前提真，則結論必定真。相較於演繹的結論所斷言的不超過前提蘊含的內容（故能保全真值），雖然歸納不能保全真值，卻可以帶給我們新的資訊，它也被認為是「經驗科學」的主要方法。在今天，歸納法的實際操作已經被量化，量化的歸納即是統計和機率推論。

可是，斷言超出前提蘊含內容的推理方法並不是只有歸納，類推（analogy）和逆推（abduction）也可以帶給我們新知（關於這兩種推理，看下一章）。因此也有人把類推和逆推都當成是「歸納法」的次類。本書認為歸納、類推和逆推是不同的推理類型，因為歸納預設了共同性質，所以在共同性質上推出通則才屬於歸納法，類推則是在「類似性」的基礎上推出結論，但這個結論並不一定是

通則。逆推是在許多差異的、多樣的性質上推出合理的假設，所以逆推也不是一種歸納。

貳、統計

在日常生活中，我們經常做著沒有精確數量的歸納推理，例如我們可能論斷說「（多數）很帥的男生都很花心」、「（多數）漂亮的女生都有男朋友了」等等。可是，這些論斷的依據何在？根據什麼，我們可以肯定地說「多數」？因為我們的論斷涉及了大量的個體，我們可能無從一一調查起。即使我們有所調查，其結果仍然需要計算——就是統計。例如我們可能調查100個很帥的男生，發現有62個很花心，那麼我們可以說62%的男生很花心——62%是**多數**——我們的聽眾就不得不相信。換言之，如果我們有統計數字為後盾，我們的論斷就可以更堅實——雖然「多數」仍然是一個含糊的字眼，例如51%就是多數或者70%以上才算多數？可是，這論斷「62%很帥的男生很花心」中的很帥的男生，並不限於我們調查的100人，它似乎涉及所有很帥的男生，可以把它推到適用於我們沒有調查過的其他很帥的男生上嗎？

統計學正是針對大量群體進行數量歸納而被發展出來的一門學問。統計學一般被分成「描述統計學」（descriptive statistics）和「統計推論」（statistical inference）兩大部分。前者是獲得和整理各種統計資料的技術，後者是依據那些被整理的資料來推出一些結論的方法或規則。今天的統計學已發展成一門很複雜的數學，有許多技術和公式，而且大多數的統計學教科書，著重在描述統計學的公式演算，反而較少著墨於基本觀念和推論。

本章並不是一個完整的統計學導論課程——若企圖做一個完整的學習，讀者可以閱讀統計學導論或去修統計課程。本章只介紹最

基本的統計學觀念和技術，而且著重在如何恰當地理解這些觀念，並應用最基本的技術來進行推論。我們的目標是：即使讀者自己不能執行一個統計調查和計算出各種參數，但至少可以理解一個統計調查的各種參數的意義，並判斷由此而來的推論是不是可靠和恰當。

一、描述統計學

統計總是開始於我們對於擁有大量個體的**群體或母體**（population）產生興趣——我們想知道該群體的個體中，擁有某些特徵（characteristics or traits）的個體究竟占有多少比例？平均如何？又特徵的分布狀況如何？等等。要回答這些問題，我們必須先獲得資料（data）：個體有或沒有某特徵、有某特徵占全體總數多少比例、平均如何等等數值。這是一種測量（measurement）——換言之，統計即是一種測量法。統計測量有兩個必要步驟：第一將特徵量化成資料，第二獲取資料。

如何將特徵量化呢？群體中的個體都會擁有許多特徵，但我們通常只對其中某些**特徵**感興趣，例如鳥的羽毛顏色、人的身高、修某門課同學的學期成績、某門課的教學滿意與否等等。而且這些特徵在不同的個體間，會有不同的顯現——即是**變異**（variance），例如鳥羽顏色各式各樣、身高有高有低、學期成績有好有壞、學生對教學是否滿意有不同的程度等等。正是變異才使得統計有必要。我們想知道該特徵的變異在群體中的分布時，我們必須進行統計。問題是如何使變異可以被統計？我們可以為一個特徵的每一個不同的變異指派一個值，稱作「**特徵值**」（characteristic value, trait value），例如某隻鳥羽毛是黑色或灰色或白色、某人的身高是185公分、修某門課同學的學期成績是78分（百分等級）、某門課的

教學滿意度等級是滿意（常用的五項目是非常滿意、滿意、普通、不滿意、非常不滿意），每個項目即是一個特徵值。我們可以進一步賦予其數值，統計便可以進一步量化。例如在教學滿意度的等級上，5點代表「非常滿意」、4點代表「滿意」、3點是「普通」如此等等。

獲取資料的方法稱作「調查」（survey）。如果把整個母群體的每一個個體都加以調查，稱作「普查」（census），普查可以幫助我們獲取最完整的資料。可是，普查僅限於小量的群體，例如修課班級的考試平均成績——人數有限，每位參與考試者都會有一個成績，保證每個個體的資料都可以被納入計算。因此前文把普查統計視爲枚舉歸納法的一種形式。可是，只有很少量的情況可以使用普查。大多數的案例，群體很大，要嘛調查要花費的時間精力太大，要嘛不可能每個個體都調查到（例如，「所有的鳥」這樣的群體）。所以，科學家發展了**抽樣調查**（sample survey）的技術，亦即抽取相對少量的**樣本**（sample）來調查，取得資料後將結論推廣到整個群體。使用抽樣調查得到的資料來進行統計者，就稱作「抽樣統計」（statistics by sampling）。

樣本是被調查的個體，擁有一定的特徵，但不同的樣本也會有所變異。一旦我們爲變異指派了特徵值時，被記錄下來的每個樣本的特徵值就稱作**樣本資料**（sample data），有時簡稱「資料」，這些資料又稱作「統計量」（statistics）。統計量可以用來推估母體的**參數**（parameters），可以幫助我們理解特徵值在一定範圍內出現的狀態，即是**分布**（distribution）。抽樣調查的重點是容許我們把樣本調查結果的分布狀況，推廣到母體——也就是把樣本資料統計得到的各項統計量，推估到母體也會有這樣的參數——此時我們稱作「母體參數」（population parameter）。統計學常用的統計量

和參數有下列幾個。

平均值（mean）：所有樣本特徵值的平均，常記為X。假定所有樣本數目n，每個樣本的特徵值依序為$x_1, x_2...x_n$，則其平均值X = $(x_1 + x_2 + ... + x_n)/n$。樣本的平均值可以用來推估母體的平均值$\mu$。

眾數（mode）：出現最多樣本的某個特徵值，常記為M。假定在一個調查中，只有三個特徵值x_1, x_2, x_3，具有x_1的特徵值有m個、x_2有n個、x_3有k個，而且m > n > k，則M = x_1。

中位數（median）：在一個調查中，把所有樣本的特徵值按數值大小加以排序，資料中間位置的觀察值就稱作中位數。常記為M_d。如果調查的樣本數目是奇數時，必定會有一個中間位置的觀察值；但若樣本數目為偶數時，則規定兩個中間資料的平均值為中位數。例如一個調查有11個樣本，其排序第6名的觀察值即是中位數。

一般而言，想把統計樣本中的眾數和中位數推到母體時會產生很大的誤差，所以在推估母體時並不常用。通常在母體數目少，可以普查的狀況之下我們才會調查母體的眾數和中位數，例如普查一個班級學期成績的眾數和中位數，可以得知此班級教師給分的寬嚴狀況。

上述三個統計量，已經告訴我們某特徵在群體的部分分布狀況，然而我們無法由它們知道這個群體的特徵分布究竟是較平均（變異較少）或者較分散（變異較多）？例如我們可能對社會的財富分配狀況感興趣：我們想知道一個社會的個人所得是趨向平均或差距加大？統計學家發展出一個衡量指標，稱作「標準差」（standard deviation），標準差越大時，代表特徵值的分布越分散。如果一個社會的個人所得統計之標準差越小，代表這社會的財富分配趨向平均。如果一個統計調查中，標準差為零，代表該特徵可能完全

沒有變異——每個個體的特徵都一樣。如同平均值一般，標準差也有樣本標準差S和母體標準差σ的區分。

樣本的標準差如何計算？

首先，我們必須先計算**絕對差**（absolute deviation），也就是每個特徵值與平均值的差值。絕對差也可以讓我們理解到樣本中，最大和最小的特徵與平均值的差距。然後我們必須計算**總變異**（total variances），其定義為絕對差值的平方總和。在一個樣本數為n的抽樣中，總變異的公式為$(x_1-X)^2 + (x_2-X)^2 + ... + (x_n-X)^2$，統計學家常用總和符號Σ（讀為sigma），寫為總變異 $= \Sigma(x_i-X)^2$。現在我們可以定義標準差等於總變異除以樣本數n，再開根號，亦即S $= \sqrt{\Sigma(x_i-X)^2/n}$。母體的標準差也是計算母體的總變異之後，除以母體總數再開根號。如果母體的總數無法求得，那麼母體的真實標準差就無法求得。

> 為什麼總變異要以平方來計算？再開根號以求得標準差呢？因為在一個統計中，必定同時有大於或小於平均值的特徵值，如果沒有先平方，則每個特徵值減平均值的差值有正有負，加總時正負會互相抵消，有可能使得總變異很小甚至等於零！如此無法求得真正的變異量。

二、統計資料的評估

統計學的主要是目的，是希望透過少量樣本的調查和統計來推估群體的特徵分布狀況，所以如何建立恰當的樣本資料，以便作出**好的推估**就成了很重要的課題。我們如何知道一個統計資料是恰當的呢？我們必須從事統計資料的評估。評估需要有一些標準，什麼是評估的標準？

首先，抽樣統計總是使用樣本的調查結果來推估群體的可能結

果，所以我們抽取的樣本數量至少必須在相當程度上能反映群體的狀態，換言之，樣本數目必須要**充分**（sufficient），太少樣本可能會造成很大的誤差。讓我們把這稱為**充分性**（sufficiency）條件。每個統計調查需要多少樣本才足夠呢？這個問題的答案涉及母體的分布與樣本的分布，統計學家發展了很多複雜的分析。一般而言，這個數目可以由**抽樣誤差**（sampling error）和**信賴區間**（confidence interval，或稱「信賴水準」）來決定。

所謂抽樣誤差，是指樣本反映的結果與群體的結果之間的誤差。假定有一個民意調查的結果是「40%的人民不滿意總統的施政成績，抽樣誤差3%」，這當然是抽樣調查的結果，40%是樣本有某特徵的比例（例如調查1068人，其中有428人不滿意總統的政績），這代表全體臺灣人民中可能有 37%～43%的人民不滿意總統的政績。可是，如何確定這個調查可以信賴呢？也許有另一個抽樣調查的結果只有35%比例的人不滿總統的政績吧？如果這個調查的抽樣誤差也是3%，代表根據這個調查，全體人民中有32%～38%的人不滿意總統政績。假定全體人民普查結果有41%不滿意總統政績，那麼第一個調查涵蓋了這個母體的真實參數，第二個調查不能涵蓋母體參數，它的樣本最低數值與真實數值有9%的誤差。

當然，有很多對象我們很難普查以求得準確的母體參數，所以才需要抽樣統計以推估。但是我們可以作很多次調查，每次都抽取不同區塊但數目固定的樣本，如果每次調查的結果都差不多，代表這數目的樣本數之分布穩定，能**可靠地**反映母體的真實狀況。如果我們作一百次抽樣調查，抽樣誤差都是3%，而且其中有95次的調查結果，會涵蓋母體參數，代表這調查的樣本數目的信賴區間是95%──這也代表我們作的抽樣調查有5%的機率會出錯。

一個調查的樣本數目是由想控制的信賴區間和抽樣誤差來計算

的。統計學家發展一個公式如下：$n = \dot{p}(1-\dot{p})(Z/SE)^2$。其中，$\dot{p}$是抽取樣本統計後的樣本比例值，可用為母體參數的估計值（又稱點估計值），Z是標準常態分布下的標準計分（standard score），SE表示抽樣誤差。如果信賴區間是95%，則Z = 1.96，亦即95%的觀測值會落在正負1.96之間的範圍內。如果估計值$\dot{p}$值是0.5時，此時有最大的抽樣變異（意味必須調查最多的樣本數），而抽樣誤差是SE = 3%，則n值大約是1067~1068。使用這個公式來作抽樣的評估又被稱作Z檢定。

> 這個公式預設了被抽樣的母體吻合標準常態分布。標準常態分布是一個對稱的鐘形曲線。其平均值恰在鐘形曲線的中間，通過最高點，其標準計分 = 0。標準計分的公式是Z＝（觀測值－平均值）／標準差。標準計分代表的是每個個體觀測值與平均值的差異和平均差異（標準差）的比值。標準計分在±1的範圍內，代表個體觀測差異在平均差異的正負一倍之內，標準計分在±2的範圍內，代表個體觀測差異在平均差異的正負二倍之內。在此標準常態分布下，大約有68%的資料是落在±1的標準計分範圍內，95%的資料落在±2（或1.96）的標準計分範圍內，99.7%的資料會落在±3的標準計分範圍內。現在，$n = \dot{p}(1-\dot{p})(Z/SE)^2$ 如何被用來估計應該調查多少樣本數呢？假定我們想調查中正大學學生是否贊成男女合宿（同一棟宿舍有男有女），我們想透過隨機詢問的方式來調查學生意願，我們該調查多少人才算足夠？假定我們想控制信賴區間在95%，抽樣誤差5% 時，我們可以先作試查，先查訪50人，假定有20人支持男女合宿，則得到一個點估計值 40% = 0.4。因為95%的信賴區間的標準計分Z = 2（為方便計算），則$n = 0.4(1-0.4)(2/0.05)^2 = 384$，換言之，我們至少應該調查384人才能得到抽樣誤差5%，信賴區間95%的統計結果。

可是，要注意，這是假定我們抽樣的對象和母體持贊成和反對的對象符合標準常態分布的情況下，使用這個公式才能獲得可靠的結果。如果抽樣對象或母體分布並不是標準常態分布呢？假定我們想調查中正大學的學生對於「大學生是否可以男女共居於同一棟宿舍」這個問題時，根據一些經驗，性別似乎會影響判斷。男生較大多數支持男女合宿，女生則較大多數反對。因此，如果抽樣數目沒

有反映出性別比例的話（例如抽樣的對象男生占多數），即使樣本數目足夠，也可能會產生更大的誤差。這個考慮告訴我們抽樣統計的第二個基本條件：被調查樣本的分布不能有所偏倚——我們稱作「**不偏倚**」（impartiality）條件。

　　如何使我們的抽樣調查能滿足不偏倚條件？如果想調查的對象之特徵分布是常態分布（亦即把調查的結果畫成統計圖時會呈現出「鐘形曲線」），那麼使用隨機抽樣即可以滿足「不偏倚條件」。可是，如果想調查的對象並不是常態分布，而是依特定的數目比例來分布，那麼我們就不該採取全面性的隨機抽樣，而是應該讓抽樣的樣本數目比例也可以反映群體的特定分布，如此才能滿足不偏倚條件。例如已知臺灣的大學工學院學生數目的性別比例是男生遠高於女生；而文學院則反之。如果我們要抽樣調查全臺大學整體學生數目之性別比例，我們抽取的樣本中，工學院與文學院學生的比例，應該反映出工學院和文學院占大學學生的數目比例，避免樣本的比例失衡。此時，我們可以把工學院全部學生或文學院全部學生當成抽取樣本的次母體，在次母體內採取隨機抽樣，但每個次母體所抽取的樣本數目所占的比例，應該反映出次母體在全體母體中占有的比例，就可以滿足不偏倚的標準，減少誤差。

　　一般統計學的討論通常只使用**有效性**（validity，又稱「效度」）和**可靠性**（reliability，又稱「信度」）這兩個評估標準。已知抽樣統計是一種測量。我們對測量好壞的評估標準是**精確性**（preciseness）和**準確性**（accuracy）。以長度的測量為例，「精確性」指我們測量使用的量度單位越小，測得的結果越精確；例如我們用公分為最小單位來測量身高，比起用公尺來測量身高的精確性更高，因為公尺的量度無法分辨身高的差異。「準確性」指我們測量的尺規刻度越能對齊被測量的對象時越準確。通常限於人類的視

覺、注意力、環境等等限制，我們很難在一次測量中即準確地得到結果，如果可以多次測量，並取其所得結果的平均值，也許可以更準確。在抽樣統計的測量中，統計學家使用效度和信度的標準約莫對應到一般測量的精確性和準確性。

統計測量中的「效度」，是指用來測量特徵值的量度可以**有效地**反映出該特徵值。最簡單的有效性衡量是精確性——如果我們能夠建立測量的單位，則單位越小，精確度越高。在自然科學測量單位或許很容易建立，但在社會科學中如何建立測量的單位，卻是一件麻煩的事。例如，如果我們想衡量一個人的經濟狀況，我們應該使用他的年薪或是他的銀行存款數目？哪一個量度比較有效？又如我們想衡量學生學習的好壞，究竟應該使用期中期末考試分數或者還要加上作業、出席記錄和平時成績等等？這類問題常常有很多爭議，或許一個解決方式是建立多元性的測量指標。但是，多元的測量指標也帶來測量上的複雜性。

信度則是指執行抽樣量測得到的結果越接近母體真實的分布，信度越高。但問題是我們並不知道母體真實的分布狀況如何，所以才需要抽樣調查。那我們又如何判斷一個抽樣量測的信度呢？如同在一般測量中，我們也可以使用重複抽樣測量的方法來達到較高的信度。當每次抽樣量測的結果都差不多時，代表此母體的樣本數目分布穩定，也代表每次抽樣統計的結果都有一定的信度。在統計測量中，信度的衡量已被建立成「抽樣誤差」、「信賴水準」和「樣本數目」之間的連動關係。如果想得到一定的信賴水準並控制抽樣誤差的範圍，則要抽取一定的樣本數目。也就是說，信度其實是我們先前所談的充分性和不偏倚性這兩個標準整合而來的；或者說，「信度」這個概念可以被分析成「充分性」和「不偏倚性」這兩個概念。

三、統計推論

統計推論（statistical inference）是指利用統計資料為前提來進行推論。[2] 基於統計資料的特性，我們推得的結論往往是一種**比率**或**機率**的推論。第一個最基本的統計推論是「統計推廣」（statistical generalization），也就是把抽取樣本所得到的比率推廣到群體，例如我們想調查「本大學學生中，文學院學生占有的比率」，我們調查一定的樣本數目後，發現一共有20%的樣本數目是文學院學生，則我們可以作出一個統計推廣：本大學有20%的學生是文學院學生。把這個推論普遍化，可以得到如下公式：

P：z%被檢查的樣本M是F。
C：z%的M是F。

當然我們作出一個統計推廣後，如同定言三段論一般，我們也可以作出一個統計三段論（statistical syllogism），用來推出群體中不特定的任何一個個體具有某特徵的機率是多少。例如已知「本大學有20%的學生是文學院學生」，那麼「在本大學中遇到任何一位學生」，我們可以推出「他有20%的機率會是文學院學生」，這時大前提是一個統計通則（statistical generalization），小前提是不特定的個例，結論是該個例出現某特徵的機率。讓我們也把這個推論形式化如下：

P1：z% F是G
P2：某x是F
C：x有z% 的機率（或可能性）是G

　　統計三段論可以有一個非統計性的變形，亦即在不引用具體的統計數字時，我們可以利用「大部分」、「約一半」、「少數」等等較含糊的語詞，來作機率性的推論，例如「幾乎所有政客都是騙子，他是個政客，他有很高的機率是騙子」；或者「只有少數人在面對利害相關處境時是誠實的，他面對利害相關的處境，他的話並不太可靠」等等。把這種推論其中之一形式化，我們得到如下：

P1：幾乎所有F是G

P2：某x是F

　C：x有很高的機率是G

　　讓我們把這種不具統計數字的含糊機率推論稱作「歸納三段論」（inductive syllogism）。

　　除了類似演繹從通則推出個例的推論外，我們可以利用統計作預測和尋求因果關係——透過**統計相關**（statistical correlation）的分析。我們可以統計一個群體的兩個特徵，以調查兩個特徵之間是否具有某種「相關性」，這通常稱作相關分析（correlation analysis）。如果兩個特徵在統計上相關，就稱作統計相關——亦即在統計上，有兩個量一起變動的話，而且呈現出一個特定的變動模式。例如一個社會中，其成員的收入與社會地位兩者之間是否相關？如果一個社會的成員收入較高，其社會地位也較高；則收入和社會地位有統計上的相關，這代表這個社會看待其成員地位的價值觀是以其收入來衡量的。一般而言，如果一個群體成員的某特徵（變量）增加時，另一特徵（變量）也隨之增加，我們說這兩個變量呈「正相關」。如果一個群體成員的某變量增加時，另一變量反而隨之減少，我們說這兩個變量是「負相關」。如果兩個變量散漫分

布，沒有任何特定的秩序或模式可尋時，這兩個變量是「不（零）相關」。通常我們可以使用直角座標圖清楚地表明兩個變量間的相關：

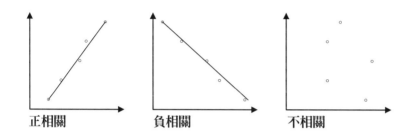

正相關　　　　　　負相關　　　　　　不相關

不難看到統計相關可以作**內插**（intrapolation）：在統計的兩極樣本之間的某一個未知個體，如果其中一個變量已知，我們可以根據座標來推論它的另一個變量的大致落點（如下圖所示之x）。

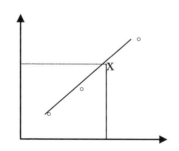

統計相關也可以用來作**外推**（extrapolation）：如果擁有其一變量超出兩極樣本之外某個個體，我們可以推論它的另一個變量的落點，也在兩極樣本之外。可是，外推不見得總是能成功，因為有可能其中一個變量會達到極限，例如在正常狀況下，土地面積大小與其能供給的人口數目呈正相關，可是有可能地球的人口數目已經超出其所能供養的上限了，但地球的土地面積卻不會再增加（在這

種情況下，更多人口以較差的條件生存在一定的土地面積內）。如果變量的增加或減少是隨著時間變化的，那麼統計相關就像是前文談的「相似經驗的預測」一般，故可以用以「預測未來將發生的趨勢」，亦即其一變量在未來達到什麼狀態時，另一變量也會達到相關的狀態。最後，如果兩個變量（特徵）的發生有時間先後順序，則統計相關可以作為推測可能的**因果關係之指標**，亦即時間在先的特徵可能是時間在後的特徵之原因。但相關不代表一定有因果關係，因為也有可能該兩個變量（特徵）是一個共同原因的不同結果。如果我們要透過統計相關來推出兩個特徵之間是否有因果關係，必須再加上其他判準。

統計資料除了樣本的比率外，我們還有很多統計性的參數，例如平均值、眾數、中位數、標準差等。我們也可以利用這些參數作**比較性的推論。**

第一，利用**平均值**和**標準差**的推論。如果我們作了兩個不同群體的相同特徵的平均值統計，我們就可以作出一個比較性的推論。例如「甲國的平均國民所得是一萬美元，而且乙國的平均國民所得是一萬二千美元，則乙國國民比甲國國民要富有一點」。但是，國民所得的平均值，並不代表實際所得的分布也是平均的，有可能甲國的國民所得彼此間的差距小於乙國國民，則我們可計算「標準差」來推出這一點。只是在一個人口眾多的國家中，這種標準差的計算非常耗時，一般經濟統計並不使用標準差來推論一個國家的所得分配狀況。標準差通常用在統計數目量不多的案例中，例如班級

種用來衡量財富分配的統計量是家計單位所得分配的吉尼係數（Gini coefficient）。其計算方式本書不介紹，同學可以輕易查到。依照公式來看，這個吉尼係數值必然介於0與1之間，越接近0則集中度越低（即越平均），越接近1則集中度越高（即越不平均）。政府通常也會使用收入等級的倍數差距來衡量，例如把全國家庭收

入分成五個區間，每區間有20%的人數，其中最高收入家庭平均收入是最低收入家庭平均收入的倍數；或者更精細地區分成二十區間，最高收入5%的收入是最低收入5%的收入之倍數，都可以用來評估一個國家的貧富差距狀況。

學生成績的計算，如果某科目的成績標準差小，表示此科目的學習相對說來較**平均**一些。

第二，使用眾數作推論。已知眾數是指如果把所有樣本分成1, 2, ……, N,……, S 區間時，若其中N是眾數，表示有最多樣本落在N區間。我們也可以利用眾數來推論特徵值的分布狀況。例如家庭財產多寡的分布，如果一個社會的家庭財產統計中，其眾數接近平均數，表示此個社會的財產分配較平均——因為有最多家庭的財產落在平均值附近。如果眾數接近貧窮一極，表示一個較貧窮的社會；如果一社會財產分布特別，其眾數在較富有的極端，但在較貧窮的一端有另一個接近眾數的數字，這表示這是一個貧富兩極化的社會，即所謂「M形社會」，因為其統計曲線像英文M字。

第三，使用中位數作推論。中位數是所有特徵值中間的數值，可以觀察它所在的位置來判斷群體特徵傾向，亦即群體的某特徵中，其特徵值偏向那個方向。例如A班和B班的同學人數一樣，若A班同學身高的中位數是162公分，B班同學身高中位數是167公分，則代表A班同學矮的較多。但有可能A班同學的平均身高反而高於B班同學，因為有可能A班同學很高的人不少，拉高了全班的平均值。

四、假設的評估和檢驗

在接受一組統計資料之前，我們要先進行「統計資料的評估」，在要不要接受一個統計推論之前，我們也要先進行「統計推論的評估」——判斷一個統計推論的好壞、可接受或可信（靠）

與否。一個統計推論的前提，總是包含一個或一組統計資料，因此「統計資料的評估」是統計推論評估的前提——只有在有效、可靠、充分、不偏倚的統計資料為前提之下，統計推論才能有效、可靠、可信且可接受。在上文討論的種種統計推論模式中，任何使用抽樣調查得到統計數字再推廣到全體的推論，都是一種假設。既然是假設就需要接受評估和檢驗，統計推論的評估正如同全稱假設的評估。使用經驗資料來評估假設是檢驗，臺灣的統計學教科書習慣把統計假設的檢驗稱作「假設檢定」（hypothesis testing）。要使用經驗資料來檢驗統計假設有兩種方式：一個是普查，另一是抽樣調查。普查檢驗當然是最準確的檢驗方式，然而在大多數的情況下，普查受限於人力、時間和環境而無法被執行。我們只能使用抽樣調查作假設檢定。

假設檢定法其實是**假設演繹法**在統計學上的應用，也就是我們想檢驗針對母體的某個假設性的預測而進行某項抽樣調查，並使用調查的結果來檢驗該假設。母體的假設性預測如何得到？通常這個假設是來自某個嘗試性的抽樣調查所得到的結果，稱作「試查」。例如，想調查A城市的失業率，我們可以隨意作一次抽樣調查，隨機選取50人並得知有5人失業，如此我們可以產生「A城市的失業率10%」的假設。現在我們想對檢驗這個假設是否能成立，該怎麼做？

我們經常會對一個群體作出某種質性上的宣稱，例如「此次選舉，A黨候選人會當選。」「全臺便利超商的生菜大多有過量的大腸桿菌。」「B減肥藥是有效的。」「多數蔬果的農藥殘留量超標。」「搭公車出車禍的風險極低。」它們通通都是假設，如何檢驗這些假設是否能成立？首先，我們要知道這些假設針對的是什麼樣的群體，然後再對該群體作抽樣調查。

　　因爲所有的抽樣統計都會有誤差，所以我們只能知道在什麼樣的信賴區間之下假設的數字有多少誤差。所以，我們必須作一次能夠滿足信度（含「充分性」和「不偏奇性」）與效度的抽樣調查，就能完成一次假設檢定。其中，信度由一定的信賴區間和一定的抽樣誤差之下的樣本數目來滿足，效度由特徵值是否有恰當的定義來滿足（例如「失業」定義成「沒有任何專兼職的工作」。）因爲信賴水準和抽樣誤差是使用預設標準常態分布的標準記分Z來計算的，故又稱作Z檢定。這是最常用的假設檢定法，它的一般步驟如下：

　　(1)嘗試調查得到樣本值來推估「點估計值」；

　　(2)決定信賴區間和抽樣誤差；

　　(3)使用樣本數目公式$n = \dot{p}(1-\dot{p})(Z/SE)^2$求得應調查的樣本數目n；

　　(4)調查至少n個樣本，得到一個樣本比率值；

　　(5)使用樣本比率值作統計推廣推得母體的參數——這個參數在一定的信賴區間和抽樣誤差之條件下成立。

　　除了Z檢定外，另一個常用的統計推論檢驗是**顯著性的檢定**。這通常發生在母體未知、需要使用抽樣統計的結果來作決策（decision）的狀況中。例如衛生署或工業局或各種主管單位，必須針對某公司申請上市的新藥品或工業產品進行抽樣測試，看看新產品是否有公司本身所宣稱的療效或品質保證。此時，因爲新產品尚未上市，新產品的總產量未知或者會購買使用新產品的消費者數目未知，即母體未知。因此很難從一定範圍的母體（產品總量或產品使用者）中進行一定（足夠）數目樣本的隨機抽樣。政府單位要針

對產品或使用者的進行抽樣檢驗時重點不在於抽樣的數目和信賴水準，而在於抽樣統計量與假設的平均值之間的誤差是否達到顯著性，即是進行「顯著性檢定」（significance test）。

在進行顯著性檢定時，我們要先假設與預期相反的命題，又稱作「虛無假設」（null hypothesis），一般標記爲H_0；而與虛無假設相反且與預期一致的假設就稱作「替代假設」（alternative hypothesis），統計學教科書慣稱爲「對立假設」，一般標記爲H_a。再從事統計檢驗，計算得到的結果。若虛無假設有很低的成立機率，即可反過來證明原先的統計有其「顯著性」，替代假設可以成立。舉例來說，某家公司產生某牌餅乾，包裝上宣稱產品重量平均至少100公克。現在我們想檢驗這牌餅乾包裝的宣稱是否正確，我們站在消費者的立場上懷疑該公司騙人，因此假設該牌餅乾平均重量不足100公克，我們設立的虛無假設與替代假設分別是（注意，這時假設中的平均值都是母體的平均值μ）：

（H_0）該牌餅乾所有產品（母體）平均重量達到100公克。
（H_a）該牌餅乾所有產品平均重量不足100公克。

所謂「顯著性檢定」就是在檢驗虛無假設被拒絕的機率是不是顯著的？如果是顯著的，我們就就要拒絕（推翻）虛無假設，也就可以反過來證明與其相反的替代假設是成立的。

該如何判斷虛無假設被拒絕的機率是不是顯著的？在實際操作上，我們必須先決定**顯著水準**（level of significance），一般是5%或1%。「顯著水準」如何定義？在統計推論的評估中，除非我們能進行母體的普查，所以母體參數的眞實數值（如平均值）永遠無法得知，這意謂我們總是必須在誤差發生的可能性之下作判定或決

策，而且受限於時間和人力，我們的抽樣統計一般只會進行幾次，又沒有母體的真實數值可供檢驗，所以統計學總是把可能犯錯的判定考慮進去，因此有四種可能：

判定（決策）	H₀狀態	
	H₀成立	H₀不成立
保留H₀	判定正確	型II錯誤
拒絕H₀	型I錯誤	判定正確

> 型I和型II錯誤在不同領域的應用中有不同的名稱。在公衛醫療領域的疾病篩檢或診斷中，型I錯誤又被稱作「偽陽性」，亦即沒有病（虛無假設成立）卻被判定為有病（有病一般用「陽性」表示），型II錯誤就是「偽陰性」，亦即有病（虛無假設不成立）卻被判定為無病（陰性）。在消費廣告的領域中，型I錯誤被稱作「消費者風險」，亦即產品實際上沒有廣告所宣稱的效果（虛無假設成立）卻被判定為有（如此消費者被誤導了）；型II錯誤被稱作「生產者風險」，亦即產品實際上有效果（虛無假設不成立）卻被消費者判定為無效（生產者會損失）。一些統計教科書把型I錯誤稱作「假警訊」（false alarm），型II錯誤稱作「漏失」（misses）（漏失正確的假設）。

也就是說，可能因為一次抽樣統計的結果顯著，所以我們拒絕 H₀，然而實際上 H₀ 是成立的，這時我們犯了「型 I 錯誤」；或者實際上 H₀ 不成立，卻因為抽樣統計結果不顯著而保留它，我們就犯了「型 II 錯誤」。「顯著水準」的概念就從這裡來理解，亦即 5% 的顯著水準代表 100 次判定中，可以容忍犯型 I 錯誤的次數最多是 5 次。一般用希臘字母 α 來表示。

可是，如果沒有或不可能進行普查，我們永遠不可能知道虛無假設是成立或不成立，也很難確定究竟犯了型I或型II錯誤，因此本書想用另一種方式來理解「顯著水準」。

　　顯著水準5%表示可以至多容忍5%的機率犯型I錯誤，如此蘊含了「替代假設成立的機率至少是95%」，這也意謂在每一百次抽樣統計中，可以接受虛無假設成立的次數最多是5次。因此，如果虛無假設成立的機率小於5%，就代表相對於該水準而言，虛無假設被拒絕的機率**顯著**，因此應該被拒絕，所以其對立假設就成立（機率大於95%）。如果虛無假設成立的機率大於5%，就表示其被拒絕的機率**不顯著**，但這並不代表其對立假設就不成立。因為假定在一百次抽樣統計中，虛無假設H_0有六次成立，表示有六次抽樣結果餅乾的平均重量達到100公克，但是這代表H_a「餅乾重量不足100公克」不成立嗎？當然不是。它只是代表我們沒有足夠證據來證明H_a、而不是證據足以否定H_a。換言之，在顯著性檢定中，我們對於虛無假設和替代假設的判定是：

　　(1)若虛無假設顯著被拒絕，則替代假設成立。
　　(2)若虛無假設不顯著被拒絕，並不意味虛無假設成立，也不意味替代假設不成立。

這種顯著性檢定的邏輯和演繹法中的導繆證法（reduction to absurdum）的邏輯類似。導繆證法假定某一有待證明的命題之對立命題再從該命題進行演繹，如果能演繹出一組矛盾，則可以反證待證命題為真；但如不能演繹出一組矛盾，並不代表對立命題為真，也不代表待證命題為假——這一點在統計推論的顯著性檢定中更清楚，因為統計檢定是使用抽樣，我們永遠無法排除抽樣誤差的發生，只能控制誤差在一定的範圍內。

　　現在問題是：當使用顯著性檢定時，我們只是作隨機抽樣，抽取的樣本數目也不確定是多少，而且我們也不是抽樣一百次，而

是要計算抽樣一次的結果的顯著性，亦即如果數字小於顯著水準，就顯著地拒絕虛無假設。那麼，要如何計算一次抽樣結果的顯著性呢？一般使用標準記分的Z值（又稱作標準化統計量）來作計算，這涉及許多技術性的細節，讀者應該去閱讀專業的統計教科書，本書不再繼續介紹。

> 標準統計量Z的公式是 $Z = (X - \mu_0)/(\sigma/\sqrt{n})$。其中，X是統計平均值，$\mu_0$ 是虛無假設中母體的平均值，σ 是母體的標準差，n是被調查的樣本數目。當計算出 Z值後，還必須查標準常態分布的機率對應表，再找到對應的機率值 P值（亦即拒絕虛無假設的機率），以便和顯著水準作比較。

五、統計量化的限制

今天，我們生活在一個充斥統計數字的世界中。從古至今，人類有太多太多的爭論，特別是比較大小、多寡、強弱、高低等等，公說公有理，婆說婆有理，難以定論。然後，科學家發明了統計，誰大誰小、誰高誰低，**讓數字說話**，爭論平息。換言之，量化與統計有助於客觀性的達成，擺脫偏見或刻板印象。但是，統計應用得太廣太深太普遍的結果，人們往往忘掉了它只是工具而不是目的，所作所為的一切，變成反而在追求統計數字的達成，導致利用統計工具得到的數字被異化成目的——這代表著把統計當目的人本身被異化了。換言之，量化統計的第一個迷思是：**為統計而統計，忘掉統計工具所追求的目的**。

> 所謂的「異化」（alienation）是指某個工具（手段）原本是為了追求某個目的而設想出來的，它本身只有工具價值沒有基本價值，但是在使用工具以達成原初目的的過程中，人們有時也需要努力去取得工具，慢慢忘掉工具只是達成目的的一個媒介，反而把它當成目的來追求，也不再指向原初目的。有太多太多例子顯示在當代生活中，統計工具或統計數字已被異化為目的了。例如「經濟成長率」原本是用來衡量一個國家

經濟狀況的指標之一而已，但是它卻被政客濫用成一個國家經濟施政的唯一目標，不顧國家經濟還有許許多多的衡量指標，忘卻使最大多數的人民過得富足和幸福才是真正的經濟施政的目標。又如學術界詬病許多的引證索引（CI），它原本只是統計期刊論文被引證的次數，結果卻被異化成「被引證數目越多」代表論文越好，甚至多重轉折地異化成「發表在平均論文被引證次數較高的期刊之論文」就是比較好的論文。

　　量化統計也是所謂「實證科學」的代表性工具。今天，即使在科學哲學或科技與社會的研究中，實證科學受到不少批評，但是科學界一般仍然十分信賴實證科學──也就是信賴使用量化統計爲工具的研究與所得到的成果。由於科學的權威，使用統計得到的數字好像也就具有權威性一般，特別是對那些本身並不理解統計如何操作、數字如何產生的一般公眾、治理者或管理者而言，往往會產生第二個迷思：**把統計數字當成眞實數字**。然而，除非是普查，否則統計數字不是母體的眞實數字，常被用來當成實證證據的統計數字可能只是抽樣調查所得到的統計量，被用來推估母體參數。誠如上文所述，抽樣統計的推估總是在一定的信賴區間下會有一定的抽樣誤差。

　　把統計當成眞實數字也表示忘掉了**統計數字的人爲建構**本質。「人爲建構」並不意味不客觀、也不意味人們可以任意地虛構數字，但它意味了人們在產生統計數字之前或之時，已經有所篩選和調整。「人爲建構」的本質特別反映在：第一，人類把他們感興趣的特徵量化，但是「爲什麼是這些特徵而不是其他特徵？」「量化或測量的單位是什麼？」「要把特徵的變異區分成幾個等級？」這些問題都是在測量之前就先決定的，人們總是有可能把自己的偏愛反映在測量上。第二，統計只是針對一定的特徵來測量，然而除了被測量的特徵和特徵的變異外，被調查對象的其他特徵不會被考慮，這等於是把對象與對象之間的許多差異抹除掉。其危險就是具

體的對象被化約成統計數字。第三，統計數字大都是基於常態分布的預設下而作出來的，因為如果不預設常態分布，我們不易得到一般性的統計公式，因而不易使用公式計算。常態分布表示我們測量的特徵大多數是出現在平均值附近，但是，某個特徵在母體的分布真的總是常態分布嗎？除非我們作普查，否則無法確定這個答案，我們只能在這個預設下，來進行統計的計算和推論。

前文已經討論統計資料的產生和統計推論的方法，我們也討論了統計資料和統計推論的評估標準，如果不能滿足那些信度、效度、隨機抽樣、趨近常態分布、顯著性檢定等等標準時，就無法產生可靠的統計數字。但是，重點是即使統計資料的產生、推論和檢定都滿足嚴格的標準時，我們仍然要特別注意「測量」的問題，亦即要進行統計總是要先把對象的特徵加以測量和量化，但是那個被量化的特徵是重要的嗎？量化它的方式恰當嗎？它是否仍然保有它未量化時的重要意義？例如，即使我們可以統計「國民幸福指數」，但是「幸福」可以被量化嗎？量化它的方式恰當嗎？「幸福」是否仍保有它未量化時的重要意義？這些問題都是我們在接觸統計數字時有必要再三深思的。

最後，我們已知統計數字都是人為的建構，它們都只是工具，都有一個被建構的過程，如此任何統計數字都涉及下列三個基本問題。可信賴的統計數字對這三個問題的答案應該是清楚透明的。

一、誰製造了統計數字和統計結論？
二、製造統計數字和結論的目的是什麼？
三、製造統計數字和結論的過程為何？

有人不是統計數字的製造者，卻是統計數字和結論的使用者，同樣

地，我們也應該問三個基本問題。

> 誰使用統計數字和推論？
> 其使用統計數字和推論是為了什麼？
> 其如何使用統計數字和推論？

針對任何一組被製造或被使用的統計數字和結論，如果我們對這三個問題的任一沒有清楚的答案時，就應該對它們抱持保留的態度。

參、機率的意義

「機率」（probability）又稱作「概然率」或「或然率」，「機率」的譯法大概取其「某機會出現的比率」之意。probability 這個英文字的意思也是「可能性」的意思，但我們通常也用「可能性」來翻譯 possibility，代表邏輯可能性。如果要用可能性來理解 probability 時，最好作「經驗可能性」。一個邏輯上可能的東西（例如超光速飛行），可能在經驗上不可能發生（即發生機率為趨近於零）。可是，機率究竟是什麼？它是性質嗎？如果是，它是什麼東西的性質？

---

impossible 我們一般直譯成「不可能」，即「邏輯不可能」。什麼東西是邏輯不可能的？矛盾。例如「圓的方形」、「自然發生的被創造物」、「可被2整除的質數」等等。要特別注意 improbable 最好不要譯成「不可能」，因為它是「低可能性」或「低機率」的意思，它對立於 probable（很有可能發生），因此較順暢的口語譯法是「不太可能」。

根據愛因斯坦的相對論（Einstein's theory of relativity），光速是速度的極限。如果一物體以光速前進，其質量將會無限大，時間會停止，但這兩者在經驗上都是極不可能的（機率為零或趨近於零）。

　　已知在統計三段論中，我們會作「x有z%的機率是y」這樣的推論，其中「x」是主詞，「有z%的機率是y」是述詞，那麼這表示機率是x指涉對象的一個性質嗎？這裡的x又代表什麼？例如，我們丟銅板出現人頭的機率是1/2，是表示1/2機率是「丟銅板出現人頭」這個事件（類型）的性質嗎？還是說是「我們相信丟銅板出現人頭（的信念程度）是1/2」，因此是信念的性質？

　　最早被提出的機率之理解是**古典的解釋**：機率是某（特別）事件獨立出現的可能性，建立在**等機率性**（equi-probability）和**不相關原則**（principle of indifference）的概念上。例如一個銅板只有正反兩面，則每次丟銅板出現同一面的機率都是相等的——都是1/2。這樣的觀點中蘊含重要的**事件類型**（event-type）和**事件個例**（event-token）的區別：「銅板出現正面」是一個事件類型，它不會只出現一次；但它的每次出現就稱作「事件個例」或「個別事件」（particular event）。如果一個事件空間中有n種事件類型，則每種事件類型的一個個例出現的機率是相等的，都是1/n，此為等機率性。又每個事件個例（某事件類型每次出現）彼此間互不相關。某一類型事件每次出現（一個事件個例）或不出現的機率是相等的，都不會干涉或相關到該事件類型下次的出現與否，此為不相關原則。如此，機率是事件個例的一種性質。可是，這會引起一些概念問題。

　　一個個別的事件占有一定的空間範圍、發生在一定的時間內、影響深遠或無足輕重、可能是其他事件的原因或結果等等，我們說這些是已出現的個別事件的性質。可是一個個別事件出現的機率是1/2，這是什麼性質？一個個別事件要嘛出現、要嘛不出現（不存在），說它有一個性質是1/2的出現機率，這是什麼意思？換言之，機率可以是個別對象的性質嗎？還是說，機率應該是群體或種

類的性質？

　　一些哲學家認為機率即是**頻率**（frequency），故提出**頻率解釋**（frequency interpretation）：機率是某**事件類型**在一系列重複執行或相對於一群體事件中出現的頻率——它被定義成當一系列數量足夠的事件（它們可能產生我們感興趣的事件類型）出現之後，我們感興趣的事件類型出現次數和總事件次數的比例。例如「銅板出現正面」的機率就是我們執行一連串丟銅板的動作（它們可能產生銅板出現正面的結果，但也可能沒有）中，出現正面的頻率。假定我們丟了一百次，正面出現的次數是52次，那麼出現正面的機率就是52%。這麼一來，在頻率解釋下，機率是**事件類型**的性質。頻率可以由實驗經驗或重複動作來計算，來自於客體的經驗，因此相對於把機率解釋為信念成立的程度（見下一段）是客觀的，所以統計學家又它稱作「客觀機率」。

　　頻率解釋也有一個很大的缺陷：它無法適用於個別事件。然而，我們卻常常對個別事件作出機率性的預測——例如「龍神颱風侵臺的機率是65%」或「這次丟銅板出現正面的機率是1/2」如果機率是事件類型的性質，為什麼我們可以用到個別的事件上？頻率解釋的支持者可以辯護說，所謂個別事件的機率預測其實是對事件類型的預測——它的含意是「像龍神颱風這樣的颱風侵臺的機率是65%」或「丟銅板出現正面的機率是1/2」，因為過去像龍神颱風這樣路徑的颱風中，100個有65個曾經侵犯臺灣；或過去太多次丟銅板的事件中，約一半次數出現正面。可是，如果我們針對的個別事件是獨一無二的事件呢？是過去從未有任何先例呢？（例如每次颱風的路徑都不一樣，每次颱風的路徑都可說是獨一無二。）或者只發生過一次呢？我們根本不知道這類型的事件是否曾經發生過，以致根本沒有母體可以參考——像這樣的事件，我們就無法作出機率

的預測嗎？形上學唯名論的支持者甚至可以懷疑是否存在事件類型——它是一種共相——但共相並不存在，存在的只有個別對象。如此，把機率等同於頻率似乎也會有應用上限制。

爲了克服古典解釋與頻率解釋的困難，哲學家發展了**邏輯解釋**：機率是對表達一事件的命題成立的信念（相信）或信心的程度（degree of belief）。例如「這次丟銅板出現正面的機率是1/2」表達的是「我對這次丟銅板出現正面的信念爲眞或實現的程度，與相信它爲假或不實現的程度剛好一樣」。機率在這種解釋下是主體信念的性質。信念、信念成立的程度都是主觀（體）的（例如樂觀的人可能相信自己將做的事成功的機率都很高），所以統計學家把這稱作「主觀機率」（subjective probability）——但不代表它是任意的、充滿偏見和不客觀的。邏輯解釋可以統一先前的古典解釋和頻率解釋下的兩種機率計算。

古典解釋下的機率現在被理解成「先驗機率」（a priori probability），統計學家慣譯成「事前機率」，意指在系列事件發生或執行之前，對某一個別事件或事件類型發生的信念程度（此信念指涉的究竟是事件個例或事件類型，當然也可以由主體自己來決定）。例如「下次銅板出現正面」的信念程度是1/2——這也是根據等機率性和不相關原則而來的，只是現在機率被理解成主體信念的性質，不必擔心它被歸給事件個例造成的概念問題。通常我們把先驗機率符號化地表達爲pr(h)（h常代表假設）。

頻率解釋下的機率現在被理解成「後驗機率」（a posterior probability），統計學家慣稱爲「事後機率」，亦即在一系列已發生的事件中，某一事件類型發生的次數和全體事件次數的比率。例如已記錄丟100次銅板，出現正面的次數是52次，則「丟銅板出現正面的機率是52%」代表我對「每次丟銅板出現正面的信念程

度是52%」或者說「『每次丟銅板出現正面』這個信念成立的程度
是52%」。這種機率的判斷是基於已發生的經驗爲前提或條件，所
以又是一種**條件機率**（conditional probability）。它的完整表達是
「已知丟了一百次銅板，出現正面的機率是52%」，其中52%的數
字是由「由丟銅板而出現正面的次數」除以「丟銅板的總次數」
而得到的。讓我們以 e 來代表「丟銅板」，h代表「銅板出現正
面」，n(h & e)代表「由丟銅板而出現正面的次數」，n(e)代表「丟
銅板的總次數」，如此，後驗機率或條件機率可以被符號地表達爲
pr(h|e) = n(h & e)/n(e)。這也是一般表達條件機率的標準符號。

一個具體的條件機率代表已有抽樣統計被執行了，因此我們可
以用它來預測群體、或者預測未來的某個事件發生的機率（信念程
度），前者隱然地使用統計推廣，後者隱然地使用統計三段論。在
預測的需求下，我們通常把 h 解釋爲代表假說，e解釋爲代表可能
的證據，如此n(h & e)代表可以支持h的證據數目，n(e)代表所有可
能的證據數目，條件機率pr(h|e)就代表在已知的可能證據e的條件
下，h假設成立的機率（信念程度）。

現在我們可以看到邏輯解釋下的條件機率，一點都不是經驗上
主觀的──相反地，它是立基於客觀經驗證據的基礎上。問題是先
驗機率的概念──既然它是先驗的信念程度，何以見得「丟銅板出
現正面的機率是1/2」？再說，如果機率是信念程度，是否可能會
斷除它與客觀世界的連結？若如此，我們似乎也不能說我們相信**某
命題爲眞的機率**是多少多少，因爲信念程度似乎沒有**眞假**可言──
即使條件機率也是如此。沒有眞假可言，是否表示它與客觀世界無
關？可是，如果先驗機率與客觀世界無關，爲什麼不少先驗機率
又可以被後驗機率驗證？哲學家後來發展了**模態解釋**（modal inter-
pretation）──即可能世界的邏輯解釋──來處理這個課題。

　　所謂模態即「可能性」。如前所言，「可能性」是邏輯的一個概念，處理「可能」、「邏輯不可能」（邏輯矛盾）和「必然性」等概念的邏輯系統稱作「模態邏輯」（modal logic）。機率當然也是一種可能性，但它是在經驗上可能而且可以使用數字來計算的可能性（量化的可能性），因此針對「機率」作邏輯解釋，就引入「可能世界的邏輯解釋」。

　　什麼是「可能世界的邏輯解釋」？讓我們以一個最簡單的模型來作說明。一個可能世界不是一個想像的世界，而是指一個世界中所有對象的可能狀態總和構成一個可能世界。假定有一個世界有三個對象 a, b, c，又這個世界只有兩種可能存在的性質紅色 R 和藍色 B。如此三個對象和兩種可能性質可以構成八個可能世界，即：

W1: Ra&Rb&Rc；W2: Ra&Rb&Bc；W3: Ra&Bb&Bc；W4: Ba&Bb&Bc

W5: Ba&Rb&Rc；W6: Ba&Bb&Rc；W7: Ra&Bb&Rc：W8: Ba&Rb&Bc

　　當我們判斷「a是紅色的」（Ra）時，這個命題在八個可能世界中的四個可能世界W1, W2, W3, W7為真，因為它們都有 Ra，如此它為真的機率是1/2。因為主詞 a涉及的母體是八個可能世界。如果一個命題是「a是紅色的而且b 是紅色的」，那麼這個命題的為真機率是2/8=1/4。如果一命題是「a是紅色的或b是紅色的」，那麼這個命題為真的機率是6/8=3/4，只有在W4和 W6這兩個可能世界時，它才不為真。透過可能世界的概念，機率似乎可以和客觀世界產生聯結，如此當我們說某命題為真的（先驗）機率是多少時也才有意義。

　　我們當然也可以把可能世界的概念擴張到條件機率上，例如已知條件機率命題「丟銅板出現正面的機率是52%」代表之前已在這實際世界中執行一百次丟銅板，出現正面的次數是52次，我們使用此條件來構成對未來的預測，則使用「可能世界」觀念的機率解釋，我們可以說該命題代表的意義是：在未來每次丟銅板的行為構成一個可能世界，則未來每100個可能世界中，有52個世界中銅板會出現正面的。

　　可能世界的概念似乎可以讓信念或命題與**世界**產生聯結，使我們得以說信念或命題為**真**的機率，因為可能世界的引入保證了這些命題至少在某些可能世界中為真。這是否要我們許諾一種「模態實在論」（modal realism）──亦即把「可能世界」視為真實的？但這是什麼意思呢？可能世界可以是真實的嗎？這涉及更深入的形上學課題和爭議，已超出本章範圍，我們不再繼續追究。

　　最後，我們想對「機率」這個概念作一點釐清的工作，特別是「機率」、「比率」（rate）與「機會」（chance）。假定「科學推理」這門課的期中考成績分布如下：

成績區間	人數	比率
90以上	5	10%
80-89之間	10	20%
70-79之間	20	40%
60-69之間	10	20%
59以下	5	10%
總計	50	100%

我們能不能說該班同學得分在 70-79 分之間的機率是 40%？不

能。應該說比率是 40% 比較精確。同樣地，我們也不能說某 A 修
「科學推理」課，有 50 人修，則他得分在 70-79 分之間的機率是
40%？不能。因為修課、考試、得分依靠的是同學的答題、教師的
評分，而不是在街上遇到老朋友這種隨機性的機會（chance）。換
言之，只有當事件的發生是由於**機會**而發生時，我們統計之後得到
的結果才可以被稱作「機率」，否則針對一個群體的特徵分布所作
的統計，其百分比數字應該稱作「比率」而不是「機率」。至於是
否所謂的「機會」背後其實是許多因素的聯合作用和聯合決定，所
以終歸到底，也不是純粹隨機的（random）呢？這涉及「限（決）
定論」（determinism）的形上學爭議。

　　可是，如果某A說：「我下學期去修科學推理課程，被當的機
率是20%。」這是一個對未發生事件的預測。這個說法能不能成立
呢？在什麼情境和條件下它可能成立？

思考題

一、請用類似我們表達全稱推廣和歸納推廣的符號來表達普查統計的推理形式。

二、請使用「假設檢定法 Z 檢定」（hypothesis test – Z testing）來檢定如下假設 H：「在 A 大學校內，每碰到五個學生中，有一個是文學院的。」再假設根據學校統計資料，文學院學生占總學生數的 18.9 %（這個統計數字只是告訴你，這個假設檢定法的使用是正確的，因為 18.9% 和 20% 是很接近的）。在不能引用學校的統計資料之條件下，請問你如何判斷假設 H 是否能成立？請應用統計的方法——包括抽樣統計、Z 檢定和統計三段論，並注意如何避免謬誤的出現——來判斷，並請說明你應用這些方法的整個調查、推導和判斷過程（統計數字請你自行設定）。

三、阿草說：「我科學推理期中考被當的機率是 20%！」這句話能否成立可能隨著情境的不同而不同。在 A 情境中，阿草已經修了科學推理的課程，也考完期中考，老師暗示有 20% 的同學成績不及格。在 B 情境中，科學推理的老師使用轉輪來決定每一張考卷的成績，這個轉輪被分成五等分（五個扇形），每一等分分別代表 90 以上、80-89、70-79、60-69、60 以下。每份考卷被轉一次，當轉輪停下來時，指標落在哪個扇形區域，那份考卷的得分就在相應的區間中。在 C 情境中，已知過去有 200 位同學修過同一老師的科學推理課，一共有 40 位同學被當掉。請問阿草的說詞分別在 A, B, C 這三種情境中能不能成立？請詳細說明你的答案和理由。

四、請分別使用古典、頻率、邏輯與模態的四種機率觀念去分析第

三題中的 B 與 C 情境下阿草的說詞。請問哪一種機率觀念能提供最好的解釋，為什麼？

五、請找出一個統計數字被誤用或濫用的眞實例子，請仔細描述其前因後果，以一種報導完整故事的方式來回答此問題。

註　釋

〔1〕 此習題的一個參考答案是：「前提：x全體數目m中有n個x是R。結論：n/m%的x是R。」

〔2〕 一般統計教科書對於「統計推論」的界定較窄，包括「從樣本數推估母體」和「假設檢定」兩種。但本章對「統計推論」採取「推論」最廣的涵意：只要是利用統計數字來作推論，都是統計推論，進而「假設檢定」是假設的評估。

第五章

假設的建構

　　廣義而言，只要在科學研究過程中，從事「提供理由」的活動，即是「科學推理」。既然要從提出假設出發並從假設中推出某些可以檢驗的結論，並進一步尋求證據來檢驗之，則科學研究似乎又可分成「假設的檢驗」與「假設的建構」兩個階段。以假設為核心的科學推理似乎也可分成「檢驗假設的推理」（reasoning in hypothesis test）與「建構假設的推理」（reasoning in hypothesis construction）。但是這個區分只是一個概念上的區分，而不是實質的區分。

　　邏輯經驗論者區分「發現的脈絡」（context of discovery）和「證成的脈絡」（context of justification）。他們認為發現假設沒有特定的方法，猜測、靈感、聯想、類比等等，都有可能發現（建構）假設，無法以**理性**（reason）來分析（所以也沒有**發現的邏輯**），因此屬於心理學、社會學的領域。但是，一旦假設被提議之後，它成立（真或假、被證實或被否證）與否，就得完全看經驗證據來決定，而且可由邏輯（演繹和歸納邏輯）來加以分析，所以是理性和哲學的轄地。

　　誠然，假設的提出、建構或發現，有可能源於某些非理性的因素。可是，在假設的發現或建構中，完全沒有推理過程嗎？我們不能從一些經驗的蛛絲馬跡來推出一個假設嗎？當然，我們能，而且這個推出假設的歷程本身就是一種推理。換言之，即使在**發現**（建構、提議、形成）假說的階段或脈絡中，也有理性（推理）運作的痕跡——這是當代科學哲學家研究科學推理的出發點。這類研究傾向從經驗的案例分析（case analysis）揭示科學家實際推理的模式，而不是**先驗地**建議「科學家應該怎麼作推理」的規範——傳統上科學方法論的研究目標就在於此。

　　在檢驗假設時，早期的科學哲學家侷限於假設演繹法，而且

不關心假設的來源（發現的脈絡），否證論者波柏主張假設的提出是基於**發現的心理學**，沒有一定的邏輯或推理程序可言，是一種**推測或猜測**（conjecture），從少數個案中憑藉靈感地設想一條定律以作為假設。然而，實際的科學研究很難被拆成「發現的心理學」和「證成的邏輯」這樣的二分脈絡。本章也不採取「發現」和「證成」這樣的術語，我們使用「假設的建構」來取代，而且本書主張假設的建構是科學活動的重心。

　　在建構假設的歷程中，科學推理包含了形成假設（hypothesis formation）、應用假設（hypothesis application）、評估假設（hypothesis assessment）這三個階段，它們和傳統的發現與證成的二元區分不同，因為它包含了傳統上被歸為檢驗的應用、評估和修正。可是，應用、評估、修正、甚至檢驗，都不能和假設的形成與建構截然區隔——它們都是建構假設的一部分——換言之，只有經過一定的應用和評估程序的假設才會被有意義地提出來，以便和其他假設競爭；而且除非先形成並提出假設，否則無法應用、評估和修正假設。[1]

壹、假設的形成、應用、評估與修正

　　根據傳統的二分法，我們會說「假設的發現」，但這實在是一個奇怪的用詞，因為「發現」應該指揭開原本被隱蔽的現象、物、事實、規律和原因等等。假設只是暫時的設想，可以幫助我們去發現現象和事實等等，但它們本身不是被發現的對象、也未必能代表真實，它們只是可能為真而已。正因為提出假設並不代表能發現事實，而且假設其實是我們應用來作出新發現的工具，如此假設需要被評估也需要被修正。以下讓我們逐一解釋「評估、應用、修正和形成假設」。

　　假設的評估包含檢驗和評價。前文已專章討論經驗檢驗，我們也討論「假設不足被經驗決定的論題」，並提到解決此問題的方法之一是價值判斷，價值判斷即是評價，是指使用一些「（認知）價值標準」如：簡潔、一致、準確、精確、說明力、預測力、可靠、重要、豐富、寬廣，來判斷或評估一個假設的好壞。不過，第三章討論的價值判斷主要在**選擇假說**的脈絡下，但我們不是當面對需要在競爭性的假設中作選擇時才會作評價，事實上，在建構假設的過程中，如果無法完全滿意既有的假設，但又沒有其他替代性的選項時，我們就評價既有的假設並據以找出修正的方向。

　　一個假說總是使用一些概念以及一些計算來說明、預測、溯推或統合一些經驗現象，所以我們對假說的評價又可以分成「概念評價」和「經驗評價」兩種——儘管經驗評價要依賴於經驗，它並不等於經驗檢驗。

　　我們慣常使用價值標準很多與經驗相關，例如準確、說明力、預測力、豐富、寬廣等等。「準確」是指假設的計算或預測的數值，與實際經驗和測量的數值吻合或非常接近；「說明力」和「預測力」是問假設對於經驗現象的說明和預測是否能令人滿意；「寬廣」是問假設能說明、預測或統合的現象夠不夠多數或多樣。有些則與概念相關，例如一致、簡潔、具啟發性等。「一致」評價一個假設本身所含有的概念是否具有內在的一致性而沒有潛在的互相衝突；「簡潔」是評價一個假設是否能使用較少的概念來說明廣大的現象；「具啟發性」是問一個假設的概念是否能激發其他科學家形成新的假設、概念、或應用。有些同時涉及經驗和概念，例如說明力、精確（preciseness）、重要（importance or significance）、豐富（fruitfulness）、寬廣（broadness）等。可以這麼說，我們針對經驗來評價假設相當於**量性評價**，我們針對概念來評價假設相當於

質性**評價**，而許多價值標準如精確、說明力、重要等等同時具有**量**與**質**這兩個面向。

　　儘管不少認知價值與經驗有關，但是**評價**仍然是不同於**檢驗**的行爲。檢驗是讓一個假設能夠接受一次經驗的評估或考驗——該假設是否能符合或對應於（correspondent to）經驗；評價卻是**非檢驗地**判斷假設的**好壞**，它不是根據一次的經驗而作「該假設是眞或假」的檢驗。當然，我們可能根據檢驗而作出準確性的評價：例如有兩個不相容的假設在檢驗之後都能符合經驗，但是我們可以由檢驗結果或過去的結果來評價一個假說比另一個**更準確**。

　　假設的目的是用來說明、預測、溯推、統合、探查或調查——這些都是應用。假設的一次應用是否可行需要檢驗，如果不可行也不代表假設不好。假設是否夠好，需要看它多次或長期被應用的狀況（是否廣泛、簡潔、具啓發力等等）來評價。也就是說，我們並不是單就假設本身、而總是就假設的應用來評估。科學家應用假設時，往往會遭遇困難，例如面對**異例**（anomalies）或**異常問題**（anomalous problems），如何修正假設以解決解決異例（要進行解決異例的推理），也是假設評估的一環，也就是說，修正是評估的一部分。

　　評估假設不僅是以經驗來檢驗假設，也不只是評價假設的良窳，它還包含建議修正或提出新假設的方向、或者建議應用的新方式。而且，假設之所以被建構總是爲了作說明、預測、統合——易言之，爲了應用。所以，應用和評估假設是建構假設不可分離的一部分；假設建構的同時也勢必進行假設的應用和評估（含經驗的檢驗），它們不是如早期科哲相信般可以被分成兩個相互獨立的脈絡。這也意味著，形成假設、應用假設、評估假設是互相滲透、互相支持或互相循環的三個面向，套用神學比喻，它們是**三位一體**，

無法區隔。

　　建構假設的起點是**假設的形成**——它有沒有方法？有沒有邏輯或推理？歸納法、統計法、簡單類比（simple analogy）、彌爾方法（Mill's methods）、簡單逆推（simple abduction）等推理模式，都能被用來形成並提出假說。即使並非所有的假設都是應用特定的推理模式，但是這些推理模式被使用至少顯示假設的建構並非完全無理可循。例如，我們可以透過觀察許多烏鴉是黑的而歸納出一條「所有烏鴉都是黑的」假設通則；我們也可以基於K黨的政黨支持率遠低於D黨的統計調查來推出一個「K黨在將來的選舉會大輸D黨」的假設；我們可以觀察到火山爆發、聽到它的隆隆聲，繼而感到地震，由此推論「火山爆發是引發地震的原因」這樣一個因果假設。

　　不過，這些模式能建構因果假設或經驗假設，但能建構**理論假說**嗎？因為理論假說涉及超出經驗的部分，而上述依據經驗而來的推理，在本質上似乎無法建構理論假說。有沒有能建構理論假說的推理方法呢？還是有。我們常用的是**最佳說明推論**（inference to the best explanation，比較假設以推出最佳的說明，也是一種逆推法）和類比推論（包含各種不同的類型如形式類比〔formal analogy〕、實質類比〔material analogy〕與**模型類比**〔model-based analogy〕等）。歸納與統計推理已經在第四章討論，本章要探討的彌爾方法、逆推、各種類比法、以及綜合性的假說形成、評估與面對異例的修正。

貳、形成因果假設的推理

　　該如何形成因果假設？簡單歸納法可以幫助我們形成因果假設，例如我們經常經驗到火山爆發之後緊跟著地震，可以歸納地推

出「火山爆發是地震的原因」。但是B恆常地跟著A發生卻不代表A一定是B的原因，它們可能只是統計相關而已。要使用歸納法來推出因果假設，只限於非常少數的直接且明顯的案例。大多數的因果關係十分複雜，也無法使用簡單歸納法來推出。

十九世紀英國哲學家彌爾（John Stuart Mill, 1806-1873）精煉另一種歸納法——今天被稱作「彌爾方法」（Mill's methods），它們是常用而且有效的因果假設的推理方法。另一個常用而且有效的因果假設推理叫「逆推」（abduction），是十九世紀美國哲學家裴爾斯（C. S. Peirce, 1839-1914）首先精煉的。

一、彌爾方法

彌爾方法一共有五種類型：協同法（method of agreement）、差異法（method of difference）、異同合用法（joint method of agreement and difference）、相伴變動法（method of concomitant variation; method of co-variation）、殘留法（method of residues）。這些所謂的「方法」其實都是不同的推理模式。

協同法的想法很簡單，在日常生活中常用到，只是我們不自覺。例如如果有一家五口去某冰店吃冰，回家後五個人都拉肚子，那麼我們很自然地會推論：那家冰店的冰不衛生。用較抽象的語言來表達是：如果發生相同現象的不同個例享有一個共同條件，則此共同條件可能就是該現象發生的原因。讓我們將協同法表達成較形式化的推理模式：

前提一：已知I_1, I_2, ... , I_m個例在不同的經歷下出現共同的現象P。

前提二：不同經歷的I_1, I_2 ... I_m卻有一個共同的條件C_i。

結論：C_i很可能是現象P的原因。

由協同法，我們只能得到**很可能**（probably）的結論，因為它不是必然的，常會失敗，其失敗的幾種原因：(1) 有共同的條件 C_i 和共享的現象 P 只是偶然的，C_i 和現象 P 其實並無因果關係。(2) 真正的原因也許是 C_j，沒有被找到。(3) 可能有多元原因，即好幾個因素 C_j, C_k, ... C_l 等共同造成一個結果。不管 C_i 在不在其間，「P 的原因是 C_i」這答案並不完整。(4) 可能有不均勻的原因，即有時 C_i 造成現象 P，有時 C_{i+1} 造成現象 P。(5)C_i 和 P 可能都是另一個原因在不同階段的結果，C_i 與 P 並無因果關係。

差異法在日常生活中也會發生，例如一群人去餐廳吃飯，大家吃合菜，每道菜所有人都吃了，但A點了綠豆湯當飯後甜點其他人沒有，結果A回家拉肚子其他人都沒有。那麼我們很自然會推論綠豆湯可能不衛生，是A拉肚子的原因。同樣用抽象的語言來表達是：在一群有已知共同條件的個例中，如果有一個現象出現在某些個例上，但沒有出現在其他個例上，又出現該現象的個例有一個額外的條件是其他個例沒有的，則可以推論那個條件很可能就是造成那個現象的原因。讓我們也把它表達成「差異推理的模式」：

前提一：已知個例I_1, I_2, ..., I_i, ..., I_m經歷共同的條件C_1, C_2, ..., C_n。

前提二：其中除了個例I_i發生現象P之外，其他個例都沒有現象P。

前提三：個例I_i又經歷條件C_k，其他個例沒有C_k。

結論：C_k很可能是現象P的原因。

差異法也常常會失敗，其失敗的理由和協同法差不多：(1)C_k和現象 P 只是偶然相關；(2) 真正的原因也許沒有被找到；(3) 可能有多元原因；(4) 不均勻的原因（即有時 C_k 造成現象 P，有時 C_{k+1} 造成現象 P）；(5)C_k 和現象 P 也許是不同階段的結果。

　　異同合用法是把協同法和差異法結合起來，如果有一個群體B有共同的條件C_i又有共同的現象P，而另一個群體A沒有條件C_i也沒有現象P，則可推論C_i是現象P的原因。其中，群體B內的個例I_1, I_2, ... , I_m是共有C_i和P——但這卻是群體A和群體B的差異。就今天的術語而言，我們常說群體A和群體B是互為**對照組**（comparable group or contrastive group）。讓我們把異同合用的形式化推理模式當成習題。一般可以使用表格法來簡潔地呈現異同合用法的推理，以便判斷哪個條件是現象P的原因。下表5-1是一個抽象的表格示意。

表5-1

	A				B	
	I_1	I_2	...	I_m	I_s	I_t
C_1	√		...		√	√
C_2		√	...			√
...	...	...	...	...	...	...
C_i					√	√
C_n	√	√	...	√		
P					√	√

　　從異同合用法，科學家發展出標準的**控制實驗法**，也就是在對許多個體作實驗時，總是要分成兩組，一組稱作「控制組」，另一組是「對照組」，實驗者把一個特定因素或干預加在控制組的個體上，使它們經歷一個條件C_i，看看這些控制組的個體是否會產生

現象P。另外，則不在對照組施加任何干預，則它們不會經歷條件C_i。如果控制組都產生現象P，根據異同合用的推理，C_i很可能就是P的原因。

相伴變動法又稱共變法，是說如果有兩個變項（variables）X和Y，若Y的值隨著X的值之變動而變動時，則X可能是Y的原因。例如，一個人的身體健康和他的運動頻率可能呈現**相伴變動**的關係，即，如果一個人越常運動而且他的身體也顯得越健康，則可以推出運動是身體健康的原因。但這推論也可能會失敗，因為有時一個原因可能會造成兩個結果，而且兩個結果相伴變動。例如一個常常練健身的人可能會健康、肌肉也會很結實，如此健康和肌肉結實相伴變動，但不代表健康是肌肉結實的原因。

在一個數學函數y = f(x)中，y的值會隨著x的值而變動，y和x之間是函數關係（function），亦即對任何一個x的值而言，必定只有一個y的值對應於該x。相伴變動的X和Y之間的關係類似函數，但兩者畢竟不是函數，故不需具備嚴格的數值對應。我們可以利用相伴變動來形成因果假設，是因為許多因果關係的因和果之間會形成相伴變動關係，例如吃得越多、身體就越胖，故可利用這個關係來進一步推論可能的因果關係（身體變胖的原因是因為吃太多），但這不具邏輯和數學的必然性。可是，有一些機械性現象的兩個變項間的相伴變動，有可能蘊含函數關係，例如腳踏車的踏板齒輪、鏈條、輪胎的大小比例和配置，可以造成踏板每轉一圈（x = 1），腳踏車就行進二公尺（y = 2）這樣的函數關係（y = 2x）。如果大自然有兩個相伴變動的現象間蘊含了函數關係而我們可以找出它，我們就可能具有量性地控制這兩個現象的能力。

如果兩個變量出現在許多個例之間，每個個例擁有的量值也呈現相伴變動的關係，例如若個例I_1的X比個例I_2的X大，而且I_1的Y也

比I_2的Y大時，那麼相伴變動就是統計相關。因此，一旦出現統計相關性就可以幫助我們找出相伴變動的關係，進一步推論可能的因果關係或函數關係。

殘留法不易就字面理解。它的推理是「一個整體原因的一部分，可能是一個整體結果的相應部分的原因」，例如如果運動是全身身體健康強壯的原因，已知某人的腿部特別健康，則可以推論他常常從事腿部的運動（腿部運動是其腿部健康的原因）。這個方法預設局部和整體有相似的性質，因此可以從整體的已知性質，推出局部的特別性質。可是，有時整體有某個性質，局部未必會有該性質。例如整個人體可以走路，但單單一條腿無法走路。因此這個推理法也常常有可能失敗。

二、逆推

逆推是我們日常生活中經常會使用的推理模式。舉例來說，當我們回家看到花瓶被打破時，而家裡養貓，則我們可能會輕易地推出非常可能是貓撞倒了花瓶。如果我們更仔細觀察環境，發現原來花瓶裡有水，而貓的毛溼溼的，當天都沒有地震，貓籠子的門忘了關等等，則我們對於貓撞破花瓶的判斷就可以更有信心——這種推理就是逆推：從已發生的現象之種種跡象（signs）、徵候（symptoms）來逆向地推出該現象發生的原因和經過，而那些我們用以為推論依據的跡象或徵候就被視為是「線索」（clues）。

逆推不是演繹、不是歸納、也不是類推，因為它並不是把已發生的事件規律地累積成一條通則，也不是透過蘊含或類比推出一個新性質的判斷，它針對一個或一群現象或事件，依據一些線索和相關背景知識推測它們發生的原因，它所產生的是一個假設——該假設被要求要能說明現象。換言之，它從已發生的經驗結果，**逆向地**

推出其原因，是生成**合理假設**（plausible hypothesis）的推理模式。因此，逆推也可以稱作「合理假設推論」（inference to a plausible hypothesis）。在一個逆推中，我們需要很多先行知識並尋找跡象和線索，但使用這些知識、跡象和線索時，我們也可能會動用演繹、歸納（含彌爾方法）和類推，但是單單上述任何一種推理，都無法幫助我們形成待說明現象的合理假設時，我們卻仍然能夠想出合理的假設，就是借助於逆推。

既然原因總是時間上先於結果，而逆推是尋求先前原因的推理，也是一種由現前**回溯**過去的推論，故又可稱為「溯推」（retroduction）。典型使用逆推的科學似乎都具有回溯性地調查原因的性質，例如犯罪的科學偵查、鑑識科學、醫療的診斷推理（diagnostic reasoning）。然而，事實上，幾乎每個科學領域都會使用逆推，並不限於回溯性的學科，因為逆推最恰當的定義是組合許多線索以推出合理假設的推理模式，那麼幾乎科學上的所有合理假設的提出，都是使用逆推。

從日常生活的直覺中，我們可以形成逆推的一個最簡單版本：

前提一：已知現象P被觀察到了。
前提二：如果假設H為真，就能合理地說明 P。
結論：因此有理由主張H為真。

我們可能會懷疑前提二是否可以推出結論，畢竟我們可能有很多不相容或互相衝突的假設，都有可能合理地說明 P，但不可能不相容的假設都為真。我們直覺認為真的假設必定可以提供**最佳說明**，如此反過來似乎可以從一個最佳（好）說明的假設來推出它極可能為真。換言之，前提二中的 H 必須是最佳的說明才可以推出結論，那

麼我們必須插入一個前提三「假設 H 是 P 的最佳說明」。即使如此，這個改良的版本仍然沒有告訴我們該如何判斷 H 是最佳說明。但前提三是逆推法必要的前提嗎？

　　既然逆推法推出的只是假設，需要再求證，那麼就不必引入「真」的概念到逆推的模式中。考慮如下情況：某條暗巷有具屍體被發現了，警探根據死者的死亡狀況、屍體的身體傷口、血跡、皮膚表面跡象判斷是他殺，並推斷其死亡時間，查出死者的身分是C，再根據傷口判斷凶器是一把殺魚刀，凶手的體型壯碩才能制伏並殺害C（這些判斷也是一種逆推）。警探調閱暗巷附近的監視器，發現死亡時間之後的午夜有某A行經附近巷子被監視器拍到身影，他們又發現A的身型壯碩，而且A是魚販，擁有許多殺魚刀，所以，警方逆推A是凶嫌，因此循線傳喚A，可是A在警方推斷的凶殺時間有不在場證明，後來警方又在他處找到凶器，比對殘留指紋的結果發現不是A的指紋。如此推翻了「A是凶手」的假設。假定警方沒有找到凶刀，那麼警方逆推推出「A是凶手」的假設，可以合理地說明相關於屍體的種種跡象，是一個**合理假設**，雖然它最後被更進一步的經驗證據推翻或駁斥。也就是說，這種逆推的推論模式大致是：

　　前提一：已知現象P被觀察到了。
　　前提二：假設H能符合現有證據說明P。
　　結論：H是一個合理假設。

然而如同凶案的例子顯示，所謂「現象 P」是由許多子現象（跡象）組合而成的，如果我們把這些子現象標示為 $P_1, P_2 \ldots P_n$，它們構成許多可觀察的徵候、跡象或線索，則逆推的推理模式可以更細緻地

被表達成：

> 前提一：一組相關現象P_1, P_2, ... , P_n被觀察到了。
> 前提二：已知H_1, H_2, ... , H_n分別可說明 P_1, P_2, .., P_n。
> 前提二：H可以綜合H_1, H_2 ... , H_n融貫一致地說明P_1, P_2, .., P_n。
> 結論：所以，H是一個說明P_1, P_2,..., P_n的合理假說。

如果 H_1, H_2, ... , H_n 表達的是分別是現象 P_1, P_2 ... , P_n 的可能原因，那麼 H 就可以說是 P_1, P_2 ... , P_n 這一組現象的總合原因的假設，這種逆推又可稱作「可能原因的推論」（inference to probable causes）。

　　如同前述，合理假設或可能原因推論不會只有一個，甚至彼此互不相容。例如在先前的凶案場景中，假定街道的監視器在稍後時間也拍到一個瘦小的身影，是B，影像顯示B手上拿著一把疑似刀子的物品，匆匆跑過巷子。假定警方現在還不清楚A和B的身分，他們可以逆推兩個合理假設：

> （H1）A是殺害C的凶手。
> （H2）B是殺害C的凶手。

警方推出 A 的依據是「殺害 C 可能是體型壯碩的人，而且 A 體型壯碩。」但 A 手上沒有凶器；推出 B 的依據是「B 手上拿著疑似殺害 C 的凶器。」H1 和 H2 不相容——不能同樣成立，但可以都不成立。那麼究竟 H1 和 H2 哪一個是對凶案比較好的說明？A 和 B 哪一個是更可能的凶手（原因）？甚至如果有更多合理假設 H3、H4……可以被提出，那麼我們要如何找出最佳的假設也就是最佳的

說明？

尋求**最佳說明**的推論方式被稱作「最佳說明推論」（inference to the best explanation），因爲它想在各個可能的合理假設中選出最好的假設——這就涉及假設的比較和評價。如何比較許多不相容的假設呢？人們自然地會認爲：尋找更多證據（跡象、線索等）。沒錯，一個由已觀察到的現象或跡象所逆推得到的假設，其功能正是在引導研究者或調查者去尋找更多潛在的證據，新的證據有可能印證其中一個假設、否證其他假設，如此得到一個最佳說明。然而，也有可能我們能力所及之下找到的經驗證據，各種競爭的假設都可以說明。這時我們又要如何判定哪一個**最佳**呢？就這一點而言，科學哲學家提出很多判準，最常見的是**簡潔**，因爲眞相被認爲通常是

> 以簡潔性爲判準是一個長遠的傳統，有時又被稱作「奧坎剃刀原則」（principle of Ockham's razor）或「思維經濟原則」（principle of parsimony, economy or succinctness）。這個說法來自中世紀時關於共相（universals）的實在論（realism）或柏拉圖主義（Platonism）與唯名論（nominalism）的爭論。實在論主張柏拉圖式的共相，在說明個體間的相似或共同特徵上是必要的，但是奧坎的威廉（William of Ockham）主張共相在這種說明上沒有必要，因爲它並不能幫助我們多知道些什麼，應該判定共相不存在，猶如人臉上的鬍子應該被刮掉一般。故這種朝最簡省方向的思考方式被稱作「奧坎剃刀原則」。可是，這原則當然不是必然能指引到眞相或眞理，也不見得就能一勞永逸地擊敗對手，因爲柏拉圖主義者從沒有因爲這條原則而消聲匿跡。況且，怎樣才算是簡潔、簡省？這在應用上很難產生共識。

直接單純的。當然還可能有其他判準如**預測力**、**準確**、**可靠**等。讓我們把最佳說明推論表達成下列推論程序：

程序一：一些令人感興趣的現象被觀察到了。（這立即構成問題：爲什麼這些現象會發生？它們是什麼原因造成的？）

程序二：形成假設、提出假設來嘗試說明現象。使用逆推從線索推出幾個不同的假設，以說明被觀察到的現象。

程序三：把各假設與所有已被觀察到的跡象加以比較，排除內部不一致的、或者與其他跡象不合的、或脫離現實的假說，留下合理的假設。（這也是一個排除不合理假設的程序，使用一**致性**判準。）

程序四：推論最能簡潔地說明現象的假設，就是最好的假設。如果能作出有用的預測，那有更穩固的論據。（這是使用**簡潔性**判準和**預測力**判準來評估合理的假設的程序。）

程序五：結論最好的假說，是我們應該選擇的假說。

讀者可以看到這個最佳說明推論的程序，也是本章所說的「形成假設、應用假設和評估假設」的程序。

很多哲學家主張「最佳說明推論」是一種「從最佳推到眞」的推論模式，即「最佳說明最有可能是眞」。這預設了科學實在論（scientific realism）的立場，最佳說明推論往往也被用爲辯護科學實在論的一個有力的論證。當然，我們也可以根據科學實在論的立場而修改程序五爲：

程序五'：通常最好的假說，最有可能爲眞（最有可能揭開眞相）。

不過，本書討論逆推或最佳說明推論，毋需預設科學實在論或反實在論的立場，因此原來程序五的最佳說明推論或許是比較好的表達模式。

參、類比推理與理論假設的形成

一、類比的一般模式

「類比」（analogy）、「類比推理」、或「類推」（analogous reasoning）即「同類相比」或「類以推之」。它是透過相似性（similarity）來進行推理與判斷的一種思考模式。相似性的判斷可能是人類最基本的心智能力，也是思考的起點。回憶人類開始在追問什麼力量造成大自然那些狂暴的破壞活動時，就是透過人類對自身活動的類比：因為人們自己在盛怒之下會造成破壞性的活動，所以有可能大自然也是某種相似於人類的有力者在操縱吧？同樣地，人們為什麼會探問自然現象的因果關係，也可能是出於對人類自己產生的因果關係之類比：我拿起一塊石頭向前丟出，石頭飛出砸到另一個人的頭，造成他倒地。自然地，我丟石頭而且石頭砸到他是他倒地的**原因**。以此**類推**，一塊石頭從天而降，砸破了我的頭，但我並沒有看到什麼人在丟它，不管如何，我會想它從天而降，必定有一個原因──這種思考方式是追問因果關係的起點，也可能是「因果關係」這個概念的根源。

最簡單的類推是「a是H，而b像a，所以b是H。」例如「人類在追求配偶時會特別表現自己。一隻雄丹頂鶴對一隻雌丹頂鶴作出舞蹈動作，就像人類在求偶時表現自己。所以，雄丹頂鶴的舞蹈動作是在求偶。」讓我們把這個推理模式稱作「簡單類比」（simple analogy）。可是，為什麼「b像a」？我們如何能確定「b像a」？事實上，我們之所以會判斷b像a只不過是因為b有某個a也有的性質G，而且a由於性質G而有性質H，所以我們據以推論b有性質G可能也會有性質H。正如人類由表現自己來追求配偶，而我們認為雄丹頂鶴的舞蹈動作就像人類在表現自己，所以推論雄丹頂鶴是在求

偶。

　　換言之，類推即是透過兩個（或兩種）對象之間擁有共同性質的方式來推出兩者之間可能也會有另一個共同的相關或衍生性質。因爲所有的事物都有很多性質，可是某些性質會互相相關構成一個性質群，例如人類有頭、脖子、皮膚毛髮少（相較於其他陸地哺乳動物）、直立姿勢、兩手兩足等等「身體或型態性質」，有用肺呼吸、恆溫、一個胃等等「器官或生理性質」，有意圖、情感、欲求、思慮等等「心理性質」。讓我們把「身體、型態、器官、生理、心理」等等統括許多特別性質的高層性質種類稱作「方面」（aspects），我們假定一個「方面」含括許多性質，而且彼此相關，這使得我們得以進行有用的類推。以下讓我們將這種透過某方面的共同性質來作類推的模式稱作「性質類推」（analogous reasoning by properties），並將它的抽象形式表達如下：

　　　前提一：X種對象在A方面有性質 G, H, I⋯⋯等等。
　　　前提二：Y種對象在A方面也有性質G, H, I⋯⋯等。
　　　前提三：X種和Y種在A方面是類似的。
　　　前提四：（發現）X種對象在A方面有性質 F。
　　　結論：所以，Y種在A方面也（可能）有性質F。

一般而言，像醫療的動物實驗就是使用這種性質類推的模式。我們使用白老鼠作實驗，正是因爲老鼠的器官和生理方面與人類相像，餵食老鼠藥物看看會有什麼生理反應？以此類推人類若服用此藥物可能會有什麼生理反應。然而，老鼠在身體或型態方面與人類差異極大，所以我們大概很難由研究老鼠在身體和型態上的性質來類推人類。

　　我們也可以利用兩種事物之間的關係和另兩種事物之間的關係相似性來作類推，這稱作「關係類推」（analogous reasoning by relations），例如老虎和鹿之間有「掠食者－獵物」的關係類似貓和老鼠之間的關係，而我們可以從觀察到貓捉其獵物老鼠會有靜音、躡腳、潛伏、爆發捕捉等階段，推論老虎在捕捉鹿時，也可能會有這些階段。讓我們比照「性質類推」將這個推理形式化，得到一個「關係類推」的模式：

　　前提一：A種和B種對象之間有關係R, S, T⋯⋯等。

　　前提二：C種和D種對象之間有關係R, S, T⋯⋯等。

　　前提三：A種和B種的總合關係類似於C種和D種的總合關係。

　　前提四：（發現）A種和B種之間有關係U。

　　結論：C種和D種有關係U。

二、科學類比

　　在科學哲學的文獻中，科學哲學家們常區分「形式類比」（formal analogy）和「實質類比」（material analogy）。「形式類比」的典型例子是庫倫（靜電）定律（Coulomb's law）與牛頓重力定律（law of gravity）之間的類比關係。眾所周知，牛頓重力定律的數學公式一般表示為 $F = GMm/R^2$，其中G是重力常數，M和m是兩物的質量，R是兩物體質心距離。庫倫定律是法國物理學家庫倫（Charles-Augustin de Coulomb, 1736-1806）在1785年驗證的定律，描述靜電力（electrostatic force）和電量與距離之間的量性關係，即 $F = k|Qq|/r^2$ 其中Q是一個帶電物體的總電量、q是另一個帶電物體的總電量，兩者之間的靜電力（包含吸引力和排斥力）和兩個帶電物

體之間的距離平方成反比。若想建立一個相等關係，需加上庫倫常數$k = 1/4\pi\varepsilon_0$。[2] 不必多說什麼，人們可以很容易地看到這兩個公式之間的**類比性**，亦即「重力和質量與距離之間的數學關係」與「靜電力和電量與距離之間的數學關係」是一樣的，都是「與物體某量乘積成正比、與距離平方成反比」。哲學家把這關係稱作「形式類比」，而且推論科學家是根據牛頓重力定律所提供的關係形式，去設想兩個帶電物體間的靜電力、電量與距離之間的關係形式。讀者也可以看到這形式類比即是上一小節所說的「關係類比」模式。

形式類比常可以提供科學家建立公式的靈感。事實上，科學史家和科學哲學家一般認為科學家是從重力定律的形式中，類推出庫倫定律的假設，再使用轉矩天平的實驗去檢驗（轉矩天平的實驗設計，也可能來自卡文迪士測量重力的轉矩天平實驗）。甚至重力定律也可能是使用某種形式類比的模式而形成的。重力定律在牛頓時代被稱為「平方反比律」，亦即重力與距離平方成反比。[3] 平方反比律來自「通過某距離的單位面積的射線量與該距離平方成反比」這個數學公式，其進一步的來源如下：讓我們把光源發射的光理解成一道一道的射線，向四面八方輻射。光線輻射到任何相等的距離都會構成一個球面，有其固定的半徑。假設光線總共有N道，那在半徑r的球面上，通過單位面積的射線量$Q = N/4\pi r^2$（其中$4\pi r^2$是球面面積）。因此，$Q \propto 1/r^2$，即Q與距離平方成反比。假設重力大小就像是單位面積通過的重力線數目，那麼根據球面幾何公式，重力的大小就會和距離平方成反比。所以，我們可以根據先前的關係類比模式來建立從光源、重力到靜電力的類比推論。

科學實質類比的典型例子是氣體分子的運動和碰撞類比於彈子球的運動和碰撞，所以，我們推出氣體分子間的運動和碰撞可以使用大量彈子球的運動和碰撞的公式來計算。更詳細地說，因為氣

體分子的運動類似於彈子球的運動，氣體分子具有一定的動量和能量，正如彈子球具有一定的動量和能量；氣體分子間的互相碰撞的動量和能量的變化，正如彈子球互相碰撞的動量和能量變化。所以，用來計算彈子球碰撞的動量和能量公式，也就可以用來計算氣體分子的碰撞——當然必須配合氣體分子的特性而調整算式。可是，這是類比推論嗎？我們為什麼不乾脆說氣體分子就是小彈子球？不能。因為實際上，氣體分子的許多其他性質如形狀、硬度、摩擦係數等等和彈子球的並不一樣。

　　第二個常見的例子是固體熱量的類比說明。這個例子起於熱的動力假說，它主張物質表面的溫度和內部蘊含的熱是物質分子間的運動產生的現象，運動得越激烈，表示其內含的熱量越大，表面溫度越高。這個假說對流體（含液體和氣體）而言較易理解：想像熱天氣時，氣體分子激烈地撞擊皮膚，使我們感到高熱難耐；或者想像煮一鍋水使其沸騰，可以觀察到水泡大量產生，在水面下不斷循環流動，溫度越高流動越激烈。可是，如何想像或說明熱的動力假設也適用於固體？畢竟構成分子的固體並不像流體一樣能自由運動。物理學家因此設想固體分子之間固然有強的鍵結，使分子無法自由運動，但是這種鍵結並不是剛性不變的，而是具有彈性，使分子可以在一定的範圍內往復震動，正如同使用彈簧來勾連彈子球的機械裝置（如下圖5-1），反過來說，這個機械裝置也使得固體的熱動力假說得以被提出。

　　仔細考察上述兩個實質類比的例子，在第一個例子中，氣體分子和彈子球具有共同的性質（都具動量和能量、位置、運動軌跡等），但也具有差異的性質（形狀、硬度、摩擦係數等）；在第二個例子中，被類比的對象是固體和機械裝置以及固體的局部成分（分子）和機械裝置的零件（彈子球），但固體的結構與性質（分

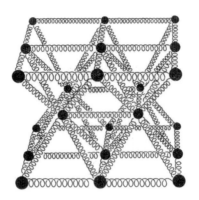

圖5-1　彈子球彈簧裝置的想像圖

子間的鍵結和在鍵結之下運動）與機械裝置的結構與性質（彈子球間的勾連彈簧與在彈簧勾連下往復震動）卻非共同、而只是相似。當然，固體和機械裝置之間也有極不相似的性質（外觀形狀、局部的形狀、局部的連結方式等等）。**這意味任何實質類比，都需要相類比的對象之間有共同或相似的性質，也要有差異或不相似的性質，才會構成類比。**同樣的原理也適用於形式或關係類比，但是又不完全一樣。

　　讓我們建立一個一般的類比架構。類比是兩個或兩種不同但相似的東西之間的比較，這兩個或兩種東西被稱作「類比物」（ana-logue）。其中提供資訊和推論根據的是「來源類比物」（source analogue），我們想知道或推出新資訊的是「目標類比物」（target analogue）。類比物之間必定有共同或相似之處，也要有差異和不相似之處。「形式類比」或「關係類比」的類比物是關係，又關係總是兩個項目、變量或對象之間的關係，則可以把來源類比物標記爲 Rab，目標類比物標記爲 R'cd。如此，R'cd之所以類比於Rab，若且唯若，「R等於R'」或「R相似於R'」（標記爲 R=R'或R ≈ R'，「≈」代表「相似」），而且「c和a不相等或非同類」或者

「d和b不相等或非同類」兩個條件至少有一成立（標記為 c ≠ a 或 b ≠ d）。例如在先前的例子中，「電力」不等於也不同類於「重力」、「電量」不等於也非同類於「質量」，雖然距離這個項目是一樣的。因為項目或對象之間的不同類，卻有相同或相似的關係，才構成「關係類比」。

「實質類比」和「性質類比」中的類比物是擁有一群共同或相似性質的不同種對象，正因為它們是不同種，所以也必定有差異或不相似的性質。讓我們把來源類比物標記為x [F, G, H, I……]，其中x是對象、F, G, H, I表性質，目標類比物標記為y [F', G', H', I'……]。而x之所以類比於y，若且唯若，至少有一F = F'或F ≈ F'而且至少有一I不相似於I'。

三、模型基礎類比

「模型基礎類比」是指在一個類比中來源和標靶類比物都是模型。瑪麗·赫絲（Mary Hesse, 1924-）是研究類比推理的先驅性科學哲學家，她首度討論模型與類比在理論建構中的角色，並提出思考類比的有用架構，十分易於理解也具啟發性，值得在此介紹。本小節討論都是從赫絲的《科學中的模型和類比》（*Models and Analogies in Science*）中取材的。

讓我們從類比項的相似性質開始。如果兩個對象是類比的，意指兩者之間有共享的性質，也有只被其中一個對象擁有、另一個對象沒有（差異的）的性質，共享的性質可以被稱作「正面類比性」（positive analogy），差異的性質稱作「負面類比性」（negative analogy）。還有第三種我們並不清楚是正面或負面的性質稱作「中立類比性」（neutral analogy），例如在氣體分子和彈子球的類比中，動量、能量、速度、位置等兩者共有的性質即是正面類比

性，而球形、硬度、摩擦係數等只有彈子球擁有的性質或只有氣體分子擁有的性質是負面類比性，從彈子球的研究中，我們得到彈子球的運動可以被運動定律描述，但我們並不清楚氣體分子是否具有或沒有這個性質，那它就是**中立類比性**。然而，因為可以被運動定律描述的運動與正面類比性中的性質相關，所以我們可以類推氣體分子的運動也可以用運動定律來描述，這意味了找出中立類比性使我們得以作假設或預測。

現在，讓我們更具體地考察聲波理論模型（也就是理論假設）如何從水波模型中被建構出來。考慮下列類比：

水波	聲音	光
由水分子的運動產生	由鑼、弦的運動產生	由運動的火焰等產生
遇障礙反射	具回音（即聲音會反射）	具鏡像（光的反射）
繞過障礙傳播	聲音可繞過轉角	穿越小狹縫會繞射
波的高度	音量大小	明亮度
頻率	音調高低	色彩
以水為傳播媒介	以空氣為媒介	乙太（ether）為媒介

首先，我們在觀察上似乎看到水波和聲音與光的相似性，如前三排所示，亦即它們是正面類比的性質。由於觀察到水波受到上下拍擊，假想水分子把運動傳遞給鄰近分子，就產生上下起伏振盪的波形。如果我們想計算波上某點的高度和位置，可以使用簡諧運動的數學來代表波的振幅和頻率的關係，即 $y = a \sin 2\pi vx$，其中，y 是水波在水平位置 x 點的高度，a 是水波的最大高度或稱「振幅」（amplitude），v 是頻率，由此公式可導出反射與繞射定律。

現在我們可以根據兩個資訊來幫助建構聲波和光波假說，第一是已觀察到的聲音和光的性質，第二是它們與水波的類比。以聲波假說為例，首先我們只觀察到鑼和弦等的振動，但是因為鑼和弦

的周遭充滿空氣，如同水受到拍擊般上下起伏，我們可以合理地推出鑼和弦等振動會推動周遭空氣分子來回振動，空氣分子再推動鄰近分子來回振動，形成（縱）波。但是，我們不能像觀察到明顯起伏的水波般觀察到空氣分子的來回振動，所以空氣分子的來回振動（聲波）是一個由類比而推出的**中立類比性**。再者，由於觀察到敲擊鑼或撥動弦越用力，**聲音就越大**，就可以指認出音量大小和聲波的振幅有關：聲波振幅越大，音量越大；同理，鑼或弦等振動越快速，聲調就越高，反之則越低，所以就可確認音調高低與聲波的頻率有關。然後我們可以進一步把描述水波的數學等式應用到聲波上，再檢驗其是否也可以適用。同理，光波假設的建構亦可採取類似的程序來說明。

　　進一步分析各種性質的成因，我們發現聲波以空氣爲媒介而傳播是下列各種現象的原因，即回音、轉角聽到聲音、音量大小、音調高低等等；同樣地，水波的上下起伏也是水波反射、繞過障礙、水波高度等等現象的原因，也就是說，在水波和聲波之下的縱列項目之間具有因果關係，而水波和聲波彼此間的類比（即橫排的項目）是相似關係，因此讓我們把這兩個關係納入上述架構中：

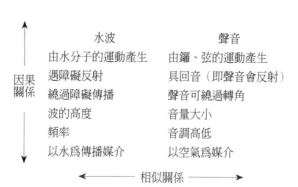

其中縱列的關係又稱作「垂直關係」（vertical relation），橫排的關係稱作「水平關係」（horizontal relation）。現在兩個類比物的橫列項目間的關係都是相似的嗎？考慮一個地球和火星的例子。其中地球和火星都是太陽系的行星，都是球狀，而且都由固體岩石構成的，這些是正面類比性；但地球有水和大氣，火星卻沒有水和大氣，這些是負面類比性。儘管如此，地球和火星是兩個類比物，可以從其中發現什麼中立類比性嗎？地球有生命，我們可以類推火星也有生命嗎？不行。因為水和大氣是有生命的條件（即原因），但剛好火星在這兩個項目上與地球是負面類比性，所以火星極可能沒有任何生命。讓我們把這類比關係表達如下：

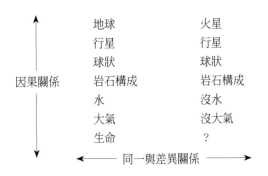

重點是，地球和火星橫向正面類比性是同一的，負面類比性是差異的，這意謂兩個類比物之間的水平關係除了相似性之外，還有同一與差異關係。而且，在科學上，為了分析方便，科學家常可以把相似關係化約成同一與差異關係。例如把水波模型應用到聲音時，我們可以把水波和聲音具有的可觀察性質抽象成同一個波模型的性質，也就是波源、反射、繞射、振幅、頻率……等等如下。

水波		聲音	
由水分子的運動產生	（波源）	（波源）	由鑼、弦的運動產生
遇障礙反射	（反射）	（反射）	具回音
繞過障礙傳播	（繞射）	（繞射）	聲音可繞過轉角
波的高度	（振幅）	（振幅）	音量大小
頻率	（頻率）	（頻率）	音調高低
以水為傳播媒介	（媒介）	（媒介）	以空氣

當我們以「波源」、「反射」、「繞射」等術語來說明水波和聲波時，就是把相似性抽象成同一和差異。但是要注意在聲波模型確實可行的條件下，我們才能進行這種抽象，而且這只是為了方便分析之用，它與上述地球與火星之間的類比仍然不同。現在，讓我們建立一個實質類比的一般架構（general schema）如下。

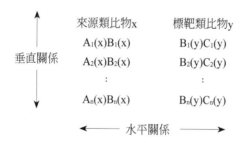

其中，$A_1(x)$，$A_2(x)$... 代表來源類比物 x 的性質，而 $C_1(y)$, $C_2(y)$ 代表標靶類比物 y 的性質，兩者（水平方向）間有「相似關係」或「同一與差異關係」；每一個類比物在垂直方向上的性質之間有「因果關係」或其他可以構成模型結構間的關係。所謂其他結構間的關係是什麼？考慮下列這個例子：[4]

鳥	魚
翅膀	鰭
肺	鰓
羽毛	鱗片
：	：

在此例中，兩個類比物之間垂直方向的項目並非因果關係而是整體－局部（whole-part）關係，這個類比可以引導我們透過鳥類的解剖構造去推測魚身體的其他構造（假定我們想調查某種並不容易抓到的魚）。然而，這是一個實質類比嗎？如果它是實質類比，那麼兩個類比物之間的水平關係是什麼？乍看之下，翅膀和魚鰭沒有任何（形狀）相似性，因此不是實質類比。但有人可能會說兩者之間有「功能上的相似性」，亦即翅膀讓鳥在空中飛，魚鰭讓魚在水中游；肺讓鳥得以呼吸空氣，鰓讓魚得以呼吸水中空氣。可是，這種功能上的相似性是依賴於「鳥－翅膀－肺－羽毛」以及「魚－鰭－鰓－鱗」這樣在垂直方向上的身體結構（關係）相似性。再考慮下列例子：

父親	←－ ？ －→	國家
孩子		公民
孩子服從父親		公民服從國家

這個例子同樣有水平類比項目是什麼關係的問題。直覺上，我們知道這個類比想指出「父親和孩子的關係」就像「國家和公民的關係」，因此有其類比性，如此可以從「孩子（應該）服從父親」中推出「公民（應該）服從國家」（當然這預設了「父權意識」，但我們暫先不管）。如此，它們之間在水平方向上沒有相似性也沒有同一差異的關係，它們的類比性純粹是由於垂直方向上的兩組關係

的相似性來定義的，即「父親－孩子－孩子服從父親」和「國家－公民－公民服從國家」——這就是先前所謂的「形式類比」或「關係類比」。回頭看「鳥－魚間的類比」似乎也是像這樣的形式類比？可是，反過來說，一個人也可以說父親和國家有功能上的相似性，如「父親應該保護其孩子」**相似於**「國家應該保護其公民」。這意味著「實質類比」和「形式類比」的區分，在具體的個案上時並不是那麼截然清楚。或許一個可能是區分方式是強調「形式類比作為關係類比」，它的重點在於項目間的關係之相似性上，而實質類比的重點在於性質的相似性。因此，一個的關係類比的一般架構可以稍微修改實質類比的一般架構：

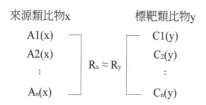

也就是使用關係 R_x 和 R_y 間的相似性來取代實質類比架構中的共同性質 $B_1(x)-B_1(y)$、$B_2(x)-B_2(y)$……等等。可是，要注意，在具體的案例中，也許兩個類比物之間的類比同時出現實質類比和關係類比。

四、類比物的抽象

在前文對類比的討論中，有一個重點已被暗示但未強調，即「類比物的抽象」（abstraction of analogues）。也就是說，任何兩個類比物與兩者之間的類比性或類比關係，都可以被抽象而形成一個新的概念，原來的類比物或類比性就變成這個抽象概念之下的兩

個個例（instances）。例如在先前水波與聲音的範例中，「水波遇障礙反射」被抽象成「反射性」，「水波繞過障礙」被抽象成「繞射性」、「水波起伏的最大高度」則作「振幅」等等；而「回音」是聲波的「反射性」之顯現，「轉角聽到聲音」是聲波的「繞射性」之顯現，聲音大小是聲波的振幅（而且往往被反過來說聲波振幅越大則聲音越大）等等。也就是說，在實質類比的一般架構下，$B_1, B_2, ..., B_n$就是這抽象概念，$B_1(x)$和$B_1(y)$是B_1的兩個個例，$A_1(x)$和$C_1(y)$是這兩個個例的具體顯現。當抽象關係被建立起來之後，類比的水平關係就可以使用同一和差異來分析。

同樣地，關係類比中的各個相似關係也可以被抽象，例如「父親以不容挑戰的掌權者姿態來對待子女，而國家以相似的方式來對待其公民」就可以被抽象成「父權制」（patriarchy）；又如「鳥的翅膀」和「魚的鰭」可以被理解成「翅膀和鳥的關係」與「鰭和魚的關係」，再抽象成「身體的運動器官」，同理「鳥的肺」和「魚的鰓」可以抽象成「身體的呼吸器官」。也就是說，R_x和R_y可以抽象成一個抽象關係R，R_x和R_y是R的兩個個例。如果這個抽象關係是數學等式這樣的函數關係，那麼就是一個形式理論的建構。

這種抽象概念就好像是希臘哲學家柏拉圖所謂的「理型」（ideal type），但引起一些問題：第一，類比推理是否僅是一種不完全的歸納推理（相似經驗的預測或彌爾的相伴變動法）？或者說，類比推理可以被化約到歸納推理上？第二，抽象概念$B_1, B_2,..., B_n$是否才是真正表徵了實在（reality），而類比性$A_1(x), A_2(x), ... , A_n(x); C_1(y), C_2(y), ..., C_n(y)$不過是表象（appearance）而已？對於第一個問題，我們的答案是：不能。因為即使我們總是可以從類比性中抽取出抽象概念，但這是在標靶類比模型可以透過類比而被建立之後（亦即中性類比性被發現），我們才能說標靶類比物之下的

正面類比性是抽象概念的一個個例。如果標靶類比物的模型沒有成立，那麼也就談不上抽象的可能性。換言之，類比的推理順序與歸納推理剛好相反。歸納推理是[$A_1(x) \wedge A_1(y)$] $\Rightarrow B_1$（假定 $\Rightarrow$ 代表「歸納」），其中，$A_1(x)$和$A_1(y)$是B_1的兩個個例；但是類比推理的抽象是先由$A_1(x)$或$C_1(y)$抽象出B_1（假定$C_1(y)$, $C_2(y)$, ... , $C_n(y)$構成的模型可以確立，亦即有中立類比性被發現），再個例化為$B_1(x)$和$B_1(y)$，它們才是屬於B_1的個例，而$A_1(x)$和$C_1(y)$並不是B_1的個例，它們和$B_1(x)$與$B_1(y)$的關係也是相似的！也就是說，只有「水波的反射性、繞射性、振幅等」和「聲波的反射性、繞射性、振幅等」是「波的反射性、繞射性、振幅等」的個例，但是實際測得的**回音**和抽象理論計算下的反射聲波只是相似的而已。第二個問題涉及到所謂柏拉圖實在論（Platonism）的爭議，本章不打算深入這個問題。不過，如果我們把B_1, B_2, ... , B_n理解成「投射的抽象」（projective abstraction），亦即由具體的類比性投射出去的抽象概念，那麼很難說它們才是眞實的。

　　至於關係類比的抽象，可以在一個方式上幫助假設模型的建構，亦即如果$A_1(x)$, $A_2(x)$, ... , $A_n(x)$的關係R_x可以找到，則我們可以抽象出R，再把R應用到$C_1(y)$, $C_2(y)$, ... , $C_n(y)$，以形成一個較具體的關係R_y。下一節有一個歷史實例可以展示這一點。

五、綜合類比法

　　有些理論的建構使用類比推論，但是遠比前文討論的「形式類比」和「實質類比」更複雜，例如達爾文把馬爾薩斯（Thomas Robert Malthus, 1766-1834）的人口論應用到他的天擇假說之建構上，就是使用類比推論，但是單單形式類比或實質類比都無法勾勒這兩個理論之間的關係，它們必須合併使用，再加上抽象的應用，

但是這仍不夠，在這個案例中存在一種「併入」（incorporation）或「擴張」（extension）的推理模式。所謂「併入」是指標靶類比模型把來源類比模型**併入**，使其成爲自己的一部分；反過來說，這也意謂著來源類比模型被**擴張**到更寬廣的領域或範圍。

達爾文自己明白地說他的天擇觀念是把馬爾薩斯的假說（學說）應用到動植物王國中：

> ……下一章我將討論遍及世界所有生物間的生存競爭，乃是由於生物數目不可避免地呈現幾何級數的增加。這是把馬爾薩斯的學說應用到整個動植物界的結果。因爲頻繁重現的生存競爭，可以導出任何生物，不管其變異是多麼地小，只要有利於它，在複雜和多變的生存條件下，都會有更好的生存機會，因而被天擇（*naturally selected*）。（Darwin 1979: 68）

可是，在《物種起源》一書中，達爾文推出「天擇假說」的方式和過程，當然不是一句簡單的「應用」可以交代的，我們有必要透過詳細比較馬爾薩斯的假說和達爾文的天擇假說來看出這個方法。

馬爾薩斯在《人口論》（*A Theory of Population*）一書中提出一個人口穩定假說或模型，可以被表達成下列四條命題（Malthus, 1976, ch.1, ch.2）：

（M1）未受到阻礙的人口以幾何級數的比率增加。

（M2）維持生存的糧食（subsistence）以算術級數的比率增加。

（M3）抑制人口增加的力量，使其結果與糧食保持同等水準的阻礙（checks），有道德抑制（moral restraints）、罪惡（vice）

與貧困（misery）。

　　（M4）人口穩定狀態的維繫，有賴於部族與部族間殘酷的生存鬥爭。

　　其中M1是描述「理想狀態下的人口增加」的數學公式，M2描述「理想狀態下維持人口的糧食增加」的數學公式，M3和M4是由M1和M2導出的因果假設，用來說明「人口與環境的維持能力在每個時段中，恆常保持在一個穩定（平衡）狀態」這個經驗現象或通則。總地說來這個理論假說蘊含一個概念架構，有「人口」、「人口增加率」、「維持的糧食」、「糧食增加率」、「人口增加的阻礙」、「（人口與維持）平衡穩定」、「生存鬥爭」等概念。[5]

　　達爾文的「天擇假說」（the theoretical hypothesis of natural selection）可以被表達成下列幾條命題：

　　（D1）動植物族群數目（population），在理想狀況呈幾何級數的增加。

　　（D2）維繫生物生存和繁殖的條件（含土地、食物）總有其限制。

　　（D3）阻礙生物族群數目增加的因素，是生存與繁殖條件的限制。

　　（D4）每個個體必定與同種的個體、或者與異種的個體、或者與生命的物理條件鬥爭（這就是一種生存鬥爭）。

　　（D5）同物種的不同個體之間、同類的不同物種之間，存在變異。

　　（D6）個體的變異能遺傳給其後代。

　　（D7）天擇：大自然傾向保存有利（生存）的變異，淘汰有

害（生存）的變異。

（D8）影響天擇的因素有食物、氣候、遷徙、地理區域的封閉性、食物供給、互相交配、性擇等。

現在，我們可以清楚地看到馬爾薩斯的命題與達爾文的命題存在下列對應：從M1到M4一一對應於D1到D4。這個一一對應就是形式類比的展現。M1到M4構成的理論假說可以用來說明「爲什麼人口在每一時刻大致保持穩定」，它也可以被應用到動植物的族群上，適切地說明「爲什麼動植物族群在每一時刻大致保持穩定」。可是，天擇假說當然不只是人口假說的形式類比而已，它還擁有更多從族群假說中實質地類推出的命題D7。以瑪麗·赫絲的類比架構來表示：

人類	動植物（生物）
$A_1(x)$人口數目	$C_1(y)$動植物族群數目
$A_2(x)$無阻礙人口以幾何級數增加	$C_2(y)$無阻礙族群以幾何級數增加
$A_3(x)$糧食以算術級數增加	$C_3(y)$生存條件以算術級數增加
$A_4(x)$社會條件阻礙	$C_4(y)$自然環境阻礙
?	$C_5(y)$個體間的變異
$A_6(x)$人口穩定	$C_6(y)$族群穩定
$A_7(x)$部族間生存鬥爭	$C_7(y)$個體間生存繁殖鬥爭
	$C_8(y)$天擇

我們可以看到，在「人口－族群」、「人口增加－族群增加」、「社會條件阻礙－自然環境阻礙」等等這些都是正面類比性，但是「個體間的變異」是一個負面類比性，它是馬爾薩斯的人口假說中沒有的。但是這個負面類比性使達爾文得以進一步推出「天擇（保存有利變異、淘汰有害變異）」這個中立類比性，天擇使得極少數能適

應環境的個體生存下來，才能抑制族群數目不會呈幾何級數比率而增加，並維持在的穩定的狀態。「人口」和「動植物族群」在英文中是同一個詞 population，即 population（「族群」）可以被理解成一個抽象概念；同理，$A_2(x)$ 和 $C_2(y)$ 可以抽象成「幾何級數增加」、$A_3(x)$ 和 $C_3(y)$ 可以抽象成「算術級數增加」、$A_4(x)$ 和 $C_4(y)$ 是「阻礙」、$A_6(x)$ 和 $C_6(y)$ 是「族群數目穩定」、$A_7(x)$ 和 $C_7(y)$ 是「生存鬥爭」，使用這些抽象概念可以構成一個抽象的「族群數目穩定假設」（a hypothesis of population stability），它可以應用到任何不管什麼的族群上。最後，因為人類也是生物的一種，所以馬爾薩斯的「人口穩定假說」被併入達爾文的「天擇假說」內，成為其一部分的「生物族群假說或模型」。可是，必須注意的是天擇不只是用來說明「族群數目的穩定性」而已，天擇還用來說明很多其他現象，如各種生物為什麼會有各種特別的性狀、同種性狀間為什麼又會有變異、生物物種怎麼來的、為什麼生物物種這麼多樣、以及為什麼物種會演變等等。

　　最後值得一提的是，「天擇」這個觀念也是起於和「人擇」（artificial selection）的類比。達爾文從家庭飼養的動植物中觀察到人類會根據自己的利益，選擇（保存和淘汰）具有變異的家飼生物，又經過長期的人擇作用，有共同祖先的家飼生物產生性狀差距極大（變異大）的品種。以此類推，大自然更多樣的變異，是否是因為自然環境在作選擇？

　　總之，我們可以把達爾文建構他的天擇假說的推理方法或模式稱作「綜合性類比」（synthetic analogy），亦即這個方法綜合了形式類比、實質類比、抽象應用和合併或擴張。

肆、假設的應用與面對異例的修正

第二和第三節主要討論形成假設的推理模式。一個假設之所以被提出通常是爲了說明、預測或統合現象，假設究竟可不可行、或好不好，要**評估**它的應用狀況。又一個假設的應用常會遭遇異常現象，如何修正假設以克服異常現象，是評估假設的一環。一個假設也常會面對另類假設的競爭，評估因此常常在競爭狀況下進行。讓我們使用十七、十八世紀化學中著名的燃素理論之建構爲案例，來示範假設如何透過說明燃燒現象的說明力而被評估，又如何面對異例而被和修正。然而，必須先聲明的是，以下討論的並不是實際的歷史，我們沒有充分交代相關背景，也不企圖重建整個歷程，本節所作的是一種科學推理的重建。

自古以來，燃燒就是人們生活中常見的現象。用火甚至被認爲是人類第二偉大發明的科技，僅次於石器的使用。自希臘時代以來，土、水、氣、火四元素說說明了許多現象，燃燒可以輕易地用火元素來說明──燃燒是火元素的運動，就像河流是水元素的運動一般。燃燒同時顯現的光和熱，也是火元素的性質，換言之，燃燒、光、熱都是同一範疇，都屬於火元素的作用。可是，十七世紀起，科學家開始跳出四元素的框架，一種普遍流行的微粒子哲學興起，它主張萬事萬物都是由極細微、看不見的微粒子構成的，而且不同類型的微粒子造成了不同範疇的現象。光從火的範疇中獨立出來，並與視覺相關聯，光是光微粒子撞擊眼睛產生視覺（或光是乙太壓力在眼球上產生的現象）。火雖然可以產生光，但是光與火、熱和燃燒不再是相同的東西，燃燒會改變物質的特性，光的照射則不會。

假設（PH）「萬事萬物都是由不同類型的微粒子構成的」，

又人們觀察到（Pa）「燃燒會改變物質的特性」，（Pb）「有些東西容易燃燒、有些則不易燃燒」，（Pc）「多數東西（木材、炭、油）燃燒之後殘留的物質（灰渣）的重量減輕」等等，科學家推得燃燒可能就是物質分解的過程，又物質的分解是微粒子的分解，所以燃燒是有些特別的微粒子從物質中分解釋放出來，進入大氣中。這特別的微粒子就稱作「燃素」（phlogiston）。⁶所以，一個「燃素理論假設」（以下簡稱「燃素假說」）就被提出來，這個假設從上述一個更基本、更普遍的原理假設PH和Pa, Pb, Pc等現象中**逆推**而得。因為燃素假說顯然可以合理地說明Pa, Pb, Pc。可是，燃素理論還要被應用到其他更多現象上，才能證明它的確禁得起考驗。這些現象包括一些由實驗產生的現象，如下列P1到P8。

（P1）可燃物燃燒時會產生大量的光和熱。

（P2）燃燒時可以看到某種**氣流**上升。

（P3）許多可以、容易燃燒的物質如木炭、油脂、金屬等都有光澤。

（P4）把炭加入礦砂中加熱冶煉能得到金屬。

（P5）鐵生鏽時失去光澤和光滑表面。

（P6）金屬燃燒後會變重。

（P7）在密閉室內燃燒的蠟燭不久後會熄滅。

（P8）把硃砂（氧化汞HgO）加熱時，會得到一種特別的氣體，可以加速燃燒，例如把該氣體注入有快熄滅的蠟燭的密閉室中，**蠟燭火焰立即增強**。

讓我們把燃素假說表達成三項假設：主要假設（H1）是「燃燒是燃素被釋放到大氣中」，它有兩個從屬假設（H1a）「燃素具

有光澤性質與熱性質」和（H1b）「可燃物都是由燃素和其他物質化合而成的」。如此，燃素假說不僅可以說明Pa, Pb, Pc，也可以因「燃燒是燃素大量、劇烈地釋放到空氣中，所以會產生光和熱」而說明P1、P2、P3等現象。又因為木炭是易燃物，含有大量燃素，把木炭和礦砂加在一起，木炭的燃素釋放，進入礦砂中，使礦砂吸收燃素、變成有光澤的金屬，如此說明P4。又鐵生鏽是一種緩慢的燃素釋放，因為鐵生鏽會發熱，但又因為緩慢，看不到光出現，然而由於燃素釋放，生鏽的鐵會失去光澤，P5被說明了。燃素假說能說明P4和P5是因為預設「金屬有光澤是因為其含有燃素」，這雖然是個預設或輔助假設，但是它很合理地說明金屬能燃燒、冶煉金屬、鐵生鏽這些現象。

可是，P6現象與燃素假說的推斷不合，變成一個異例，異常問題出現了，即（Q6）「燃燒是燃素釋入空氣中，則所有燃燒後的物質重量都應減輕，可是金屬燃燒後重量反而增加，與假說不合。」燃素理論家早在提出假說之前就已經知道這個異常現象，但他們仍然提出燃素理論，是因為它具有很強的說明力，可以說明和統合大量的現象。況且，燃素理論家推論，多數物質燃燒後殘留物質重量減輕（一些物質如油或酒精等燃燒後甚至什麼都沒留下），所以，一定有什麼特別因素使金屬燃燒後加重──這個現象只是異常的、一個有待解決的問題，而不是可以推翻或打發燃素說的反例。

P7也是燃素說不易立即說明的，因為如果燃燒是燃素釋放到空氣中，為什麼密閉室內的燃燒會很快停止？理論上，使燃燒停止的因素是阻止燃素釋放。什麼因素使得密閉室內的燃素停止釋放？燃素理論家從可溶物溶解於水中達到飽和狀態便停止溶解的現象得到靈感，使用**類比推論**推出一個輔助假設「空氣對燃素的吸收有容量

限制，達到飽和狀態即不能再吸收，所以燃素不再能釋放，燃燒即停止。」

P8現象是十八世紀後才發現的，由於英國科學家普里斯利（Joseph Priestley, 1733-1804）在1774年加熱硃砂而得到一種特別的氣體，它能幫助燃燒（例如把該氣體注入燃燒快停止的密閉室內，可以重新使燃燒變得旺盛）。這現象不是一個異例，因為燃素說並沒有什麼推論與它衝突，它只是一個新謎題（puzzle），有待解決。普里斯利相信燃素理論，為了解決這個謎，他假設該氣體是一種「去除燃素的氣」（dephlogisticated air），亦即它是沒有燃素的空氣，所以有足夠的空間可以吸收燃素，可以幫助燃素釋放。而加熱硃砂可以得到這種氣體，是因為加熱產生還原作用，使得空氣中的燃素進入硃砂中還原成有光澤的水銀——硃砂則是水銀燒渣，它是水銀燃燒後（即釋放出燃素後）的產物。

就假說的評估而言，燃素說似乎從沒有令人滿意地解決P6異例。例如當時被提議的兩個輔助假說是：（PH1）燃素具負重量。（PH2）燃燒除了燃素釋放之外，也有空氣中的某物與可燃物結合。但這兩個解決分別面臨很大的問題，（PH1）並不是不好，因為燃素總是往上飄，它有負重量是可能的。但它牴觸當時廣被接受的牛頓力學的主張——所有具質量的物體都有重量。況且它也有可能被經驗否證，例如把燃燒前的密閉室空氣稱重，再把燃燒後含有燃素的空氣稱重，會發現後者較重。（PH2）是可行的答案，但它帶來許多新的問題：什麼東西在燃燒時會與可燃物結合？如何證實這個假設？如何設計實驗去證實它？即使這假設被證實了，但在理論上也要回答「這結合是燃燒作用的一部分」嗎？

即使燃素說對P6異例的解決不能令人滿意，但是它對P7異例和P8謎題的解決，不僅十分合理，也具有相當優越的說明力，這帶給

燃素理論家很大的信心，使他們相信P6異例終會被解決。雖然燃素理論最終被拉瓦錫的氧理論（oxygen theory）所取代，但這並不能抹殺燃素理論家在建構假說的推理上所展現的卓越技巧與能力。不管如何，人們會好奇：為何氧理論能取代（或擊敗）燃素說？

拉瓦錫的氧理論主張有一種新氣體，稱作「酸素」（oxygen），即中文的「氧」，[7] 存在於空氣中。燃燒時因為氧與可燃物結合才產生燃燒現象，今天化學稱作「氧化作用」（oxidation）。以現象的說明力為重點，氧理論最大的優點就是它可以十分輕易地說明燃素理論所面臨的異例。首先，由它的基本原理「燃燒是可燃物與氧結合」可以導出「金屬燃燒時與氧結合，所以金屬燒渣變重」如此說明了P6。在密閉室內燃燒之所以很快會停止，是因為密閉室的氧含量有限，用完了燃燒自然就停止了，如此說明了P7。加熱硃砂得到的氣體就是氧，是燃燒的必要成分，因此該氣體當然可以加速燃燒，如此說明P8。加熱硃砂得到氧是一種逆轉氧化的**還原作用**（reduction），也可以用來說明冶煉礦砂的現象P5，因為炭把金屬礦砂內含的氧吸收燃燒，把礦砂還原為金屬。而鐵生鏽的現象P4則是一種緩慢的燃燒，因為溼氣的關係，使鐵與氧容易結合，並不劇烈卻仍會發熱，鐵因此會而失去光澤，表面變得粗糙。顯見對於燃素理論的異例如P6、P7、P8，氧理論提供了輕而易舉的說明。

但是，儘管氧理論可以輕易說明P6、P7、P8，也可以說明P4和P5，它就一定比燃素理論好嗎？還有P1、P2、P3這些現象，氧理論是否也能說明？十八世紀的科學家會如何評估？假設我們回到十八世紀，在當時的背景知識條件下，我們會判斷燃素理論可以輕易說明P1-P5，不容易說明P6、P7、P8；氧理論可以輕易說明P4-P8，卻不容易說明P1、P2、P3。以下讓我們模（虛）擬燃素理論

家普里斯利和氧理論家拉瓦錫的對話與辯證。

　　普里斯利：拉瓦錫先生，您假定燃燒是您稱作「氧」的氣體與可燃物的結合，但是，請問您如何說明燃燒會產生大量的光和熱？光究竟從哪裡來？如果熱是一種運動的話，釋放作用似乎比結合作用的運動程度更大？如果熱是一種熱物質（calorie）的話，那麼熱物質為何在氧化作用時會被釋放出來？

　　拉瓦錫：普里斯利先生，您問出一個好問題，我承認目前沒有很好的答案，但我相信一旦針對氧的性質作更多研究，一定可以得到令人滿意的解決。

　　普里斯利：恐怕您太樂觀了。您的理論也不能說明為何燃燒時我們看到氣流上升的現象以及許多可燃物都有光澤啊！

　　拉瓦錫：我不認為您舉出的這兩個現象會造成氧理論的困擾，您看到所謂的「氣流」不過是空氣的對流。雖然不少可燃物有光澤，但也有很多可燃物沒有光澤啊！我認為，光澤可能是另一個待解的謎題，但並不是所謂的「燃素」帶來的，因為根本就不存在燃素。

　　普里斯利：拉瓦錫先生，您似乎忽略了如果沒有什麼東西被釋放，哪來「空氣的對流」呢？再說，您對「有些可燃素也沒有光澤」的反問恐怕是一個逃避問題的回應，您仍然面對「為何很多可燃物有光澤」這個問題。

　　拉瓦錫：誠然。但假定您堅持「可燃物有光澤是因為含有燃素」，那麼您同樣要面對「為什麼有些假定燃素含量很高的可燃物卻沒有光澤」？您難道不需要給出一個積極的說明嗎？

　　普里斯利：或許這樣，在那些沒有光澤的可燃物中，有成分阻礙了燃素光澤的展示？

　　拉瓦錫：如何阻礙？爲何有光澤的可燃物中的成分就不會阻礙？普里斯利先生，看來我們兩方都面對各自的謎題需要去解決。但是您不能不承認，氧理論對於燃素假說面對的三大異例「金屬燃燒後變重」（P6）、「密閉室中燃燒停止」（P7）和「該氣體增強燃燒作用」（P8）提供了簡潔的說明。

　　普里斯利：我同意這個假說對於燃素理論的三個異例提出精彩的解決。可是，您不要忘了，您稱作「氧」這種由我作實驗加熱硃砂而分離出來的氣體，其實是「去除燃素的氣」，它是不含燃素的純淨空氣，所以可以提供吸收燃素的空間。在密閉室中之所以會停止燃燒，是因爲一般空氣吸收燃素的容量有限。而金屬燃燒變重，並不能拒絕燃素理論，因爲有可能空氣某成分在燃燒時進入金屬中。

　　拉瓦錫：照啊！如果金屬燃燒時有空氣某成分進入金屬中，爲什麼您不乾脆剃掉「燃素」這個虛無飄紗的東西……

　　普里斯利：嘿，您不要忘了，沒有燃素，您如何說明燃燒產生的光和熱……

　　拉瓦錫：我們現在似乎陷入一個僵局。但我想對您提出一個最大的挑戰：請您或燃素假說的支持者分離出純淨燃素來！身爲氧理論的支持者，我已經分離出氧──您早先分離出來並稱作「去除燃素的氣」。

　　普里斯利：我同意這是我們的挑戰，但請別忘了，您們也有未解的大問題。

　　燃素理論家該如何面對「分離純淨燃素」的挑戰？這個問題引導他們的研究方向，他們設計許多分離氣體的實驗來證明他們的假說。既然，燃燒是燃素釋放，如何收集不被混入空氣中的燃

素？首先，他們自然會收集到二氧化碳（CO_2），但這氣體顯然不能滿足燃素的性質，因為它比一般空氣重、不易燃燒（事實上，它還會使燃燒窒息）、也不能還原金屬，但它總是很多燃燒會產生的氣體，理論上它必定含有很多燃素，所以普里斯利認為它是含燃素氣（phlogisticated air）。其次，燃燒含氮物質得到笑氣（N_2O）——它是燃素嗎？它面臨二氧化碳同樣的問題。燃素理論家卡文迪許（Henry Cavendish, 1731-1810）在1766年以鋅、鐵等金屬與鹽酸作用產生氣體，並以排水集氣法收集之，他發現該氣體不但可燃，與空氣混合點燃後還會爆炸，又重量非常輕，他相信這氣體來自金屬，故稱之為「來自金屬的火焰氣」（inflammable air from metals）——它的性質幾乎完全滿足燃素理論家的推測——它就是燃素。不幸的是，「氫就是燃素」的判斷仍被放棄了，因為「火焰氣」燃燒總是會產生水。為什麼？這個結果令燃素理論家百思不得其解。

科學的正統觀點總是堅稱燃素理論是假的、保守的、落伍的，阻礙了普里斯利、卡文迪許等科學家朝向「正確」認知，這種以成敗論英雄的成王敗寇史觀，似乎過於輕視那些科學家的思維能力，反而阻礙了我們理解科學推理的本質。燃素理論故事的重要教訓在於一個後來被拋棄、被視為錯誤的理論，卻可以帶來很多新發現——二氧化碳、笑氣、氧、氫等氣體都是燃素理論家發現的。因此，即使是**錯誤的**理論也可以產生很大的貢獻。更何況，科學哲學家如孔恩（Thomas Kuhn, 1922-1996）和費耶阿本（Paul Feyerabend, 1924-1994）認為燃素理論和氧理論是「不可共量的」（incommensurable），很難說燃素理論完全錯誤或完全假。不過，即使如此，我們能客觀地判定燃素理論和氧理論哪一個比較好嗎？哪一個才是燃燒相關現象的最佳說明嗎？不可共量性的觀點即使是

對的，也沒有限制我們去作出哪一個理論是較好或者目前最好說明的判斷。

思考題

一、請建構一個異同合用法的形式化推理模式。

二、某校營養午餐，總共有高麗菜、玉米、荷包蛋、雞腿、豆乾、醃蘿蔔六種配菜。現有甲乙丙丁戊己六位學生。阿甲沒有吃荷包蛋，其他都吃了。阿乙沒有吃豆乾和醃蘿蔔、阿丙沒有吃高麗菜、阿丁沒有吃雞腿。阿戊沒有吃玉米和豆乾，他把玉米給了阿甲吃。阿己沒有吃玉米和醃蘿蔔。結果阿甲、阿丙和阿丁三人發生食物中毒。請分析導致食物中毒的原因可能是什麼？詳細完整地寫出你的整個推論的過程。

三、閱讀下列文本：

　　……事情是這樣的：奧倫多的阿德莫修士，雖然年紀還很輕，卻已善於為書籍作裝飾而享有盛名。他正著力於以最美麗的圖案裝飾圖書館手稿的工作時，一天早上，一個牧羊人卻在大教堂下方的懸崖底部發現了他的屍體。由於前一晚晚禱時，別的僧侶還看見過他，但晨禱之時他便沒有再參與，他很可能是在夜晚最黑暗的時刻落下山崖的。那一晚有一場暴風雪，在猛烈的南風吹襲下，紛飛的雪利如刀刃，就像冰雹一樣。屍體被掩埋在峭壁下的冰雪中，被沿路撞擊的岩石撕扯得慘不忍睹。……（頁52）

　　天色已亮，地上的雪反映著白光，使修道院內更加明亮。在禮拜堂後，畜欄之前，放著那個裝豬血的大缸，有件奇怪的東西，幾乎成十字形，伸出了缸線，就好像兩支被插進土裡的木樁，準備用來披上破布，好把鳥雀嚇走。

　　但那卻是兩隻人腿；有個人頭上腳下地栽進了那缸豬血。

　　院長命令僕人把那具屍體（因為活人不可能保持那種可怕

的姿勢）從那黏膩的液體中拉出來。……（頁 113）

「死了太多人了。」他（一位老人，非院長）說：「死了太多人了……可是啟示錄上寫得明明白白的。第一聲號響就會有電子，第二聲號響海的三分之一變成血；你們在電子中找到一具屍體，另一具浸在血中……第三聲號響警告會有一顆燃燒的星星落入江河的三分之一和眾水的泉源裡。所以我告訴你，我們的第三位弟兄失蹤了。只怕還會有第四個，因為太陽、月亮和星辰的三分之一將被擊打，以至日月星的三分之一黑暗了……（這代表上帝的譴責！）」

我們由教堂外翼走出時，威廉思索著那老人的話是不是有幾分真實性。

「但是，」我對他指出：「假設有一個被惡魔迷惑的人，用啟示錄作為導引，安排了三個人的消失，同時也認定貝藍格已經死了。然而正相反的，我們知道阿德莫是自殺而死的……」

「不錯，」威廉說：「但那可能是同一個邪惡或病態的心靈被阿德莫的死所啟發，以象徵的方式安排另兩個人的死。果真如此的話，貝藍格的屍體應該是在河流或泉源中。修道院沒有河流或泉源，至少沒有能夠溺死人的……」

我靈機一動說：「只有澡堂吧。」

「埃森！」威廉說：「你知道，這可能是對的──澡堂！」（頁 240）

──艾可，《玫瑰的名字》

請使用「最佳說明推論」（inference to the best explanation）方法來分析埃森和威廉的討論與對話。這個推理模式如何引導他

們推測出「澡堂」可能會發現第三具屍體？即，請根據出最佳
說明推論的推論步驟，指出他們所設想的幾個可能的假設（已
出現在他們的對話中），再加以檢驗和評估，得出其中一假說
是最佳說明。最後說明他們如何從假設中推論目前所未知的
事？（提示：內容中的「老人」也提出了一個假設。）

四、請使用模型基礎的類比架構，來分析從光量與光源距離的數學
公式、重力的數學公式到庫倫力的數學公式之間的類比推論。

五、請使用模型基礎的類比架構，來分析固體熱量和溫度的類比模
型。

六、何謂「綜合類比」？你是否能找到另一個使用綜合類比來建構
理論的歷史實例？

七、請闡述燃素理論家使用什麼推理模式以建構假說？含假說的形
成、應用和評估（對異例的回答和修正）。

八、為什麼「火焰氣」燃燒產生水對燃素理論構成一個新的麻煩（異
例）？其理由何在？

九、我們能客觀地判定燃素理論和氧理論哪一個比較好嗎？哪一個
是燃燒相關現象的最佳說明嗎？你的看法是什麼？請詳細說明
和分析。

註　釋

[1] 事實上，第三章討論的「經驗檢驗」也是「評估假設」的一環或一種方式。我們之所以在第三章獨立討論它，是因為它是傳統科學哲學的一個重要主題。可是，經驗檢驗往往無法決定理論，因此假設的檢驗並不是科學活動中最重要的一部分——相反地，科學活動的重心可能是建構一群可以應用來解決問題、說服他人、並持續修正和繁衍的假設。

[2] 其中k又可以表達成$k = 1/4\pi\varepsilon_0$，$\pi\varepsilon_0$是另一個常數，稱作「電通率」（permittivity），π是圓周率。k如何求得和計算很複雜，本文不在此介紹。

[3] 平方反比律不是牛頓最早提出來的，實際上，在牛頓時代它是一個普遍的猜測，重力定律被認為是牛頓發現的偉大成就是因為牛頓使用幾何證明了它，而且發展出一套完整的力學理論。

[4] 這個例子的討論和赫絲的原著不太相同，赫絲正是認為這兩者在水平方向上之間有結構或功能的相似性。

[5] 馬爾薩斯的原始模型被後來的經濟學家精煉成所謂的「收益遞減」（diminishing returns）模型：亦即農業的產出可以導致人口增加，人口增加也可以增加農業產出；可是隨著人口不斷地增加，農業生產的平均收入會隨之遞減。人口增加率會隨著農業產出而趨緩，達到一個限度，超出這個限度後，人口增加率會反過來遞減。這個模型後來又被發展成「邊際效益遞減」（diminishing marginal utility）的一般模型。

[6] 物質由特定微粒子構成的並不代表這些微粒子是一個個獨立的原子。微粒子哲學有兩種：一種是離散的原子論，主張微粒子是一個個不可再分割的原子；另一種連續的微粒子理論，物質雖由微粒子構成的，但微粒子與微粒子之間是連續的，可以無限分割下去，沒有止境，如笛卡兒的主張。

[7] Oxygen來自希臘文，為「酸的生成要素、酸的基因」的意思，中文譯成「氧」取成為呼吸必要元素的意思，是個脫離原來的字義的譯詞。拉瓦錫取此字來稱呼新氣體，自然是因為他相信oxygen是構成所有酸的基本元素，但是他錯了。今天化學家以氫離子（H+）的生成來定義酸。

第六章

定律與理論

「發現大自然的定律」（Discovering laws of nature）常常被視為是科學的終極目標，也是科學家的最高成就。例如希臘時代的阿基米德發現了浮力定律（有時又常稱為浮力原理）、十七世紀的克普勒發現行星三大定律、伽利略發現自由落體定律、牛頓發現三大運動定律和萬有引力定律、庫倫發現庫倫定律、歐姆發現歐姆定律等等——這些定律常常被冠以人名，用以紀念發現者的偉大成就。在教科書上，我們學到的這些科學定律，常常被書寫成一個簡單數學公式，牛頓第二運動定律是F = ma，重力定律是U = GMm/R²，庫倫定律作F = K|Qq|/r²，歐姆定律是V = IR……（注意，這些數學公式在不同的數學系統例如純量函數、向量函數、微積分等等中有不同的標記法），使得科學家得以計算出精確的數量、作出準確的預測。

大自然的定律並不是孤立的、瑣碎的、彼此互不相關的，相反地，它們之間存在結構性的關係，能揭示這關係或結構、從而把定律統合起來的就是**科學理論**（scientific theories）。例如，牛頓的力學理論統合克普勒行星定律、伽利略自由落體定律、笛卡兒的慣性定律、惠更斯的反作用力定律、以及平方反比律（即重力定律），為了人類示範了科學理論的驚人能力。二十世紀愛因斯坦的相對論（theory of relativity），以和牛頓理論截然不同的概念，重新統合運動定律、重力定律、和新增的質能互變定律等等，推出許多匪夷所思的觀念並作了許多不可思議的準確預測，更讓世人見識到科學理論的威力。其他偉大理論的例子還有馬克士威爾（James C. Maxwell, 1831-1879）的電磁學理論（theory of electromagnetism）、達爾文的演化論（evolutionary theory）等等。可以說，理論的建立展現了科學最頂尖的智性活動。

定律和理論被認為是最能代表科學知識的東西，它們分別有什

麼特質就成為科學哲學家極感興趣的議題，因為它們意味「科學知識的特質」。這個議題也關連到知識論，因為科學知識被認為是知識的典型。科學哲學傳統有大量的文獻探討這兩個核心概念，並有種種不同的觀點被提出來。本章將初步探討這些哲學爭議，並檢視科學定律和理論在科學推理中的角色和功能。

壹、定律

「定律」（law）又常被譯成「法則」，在英文裡，「定律」和「法律」共用同一個字。就西方文化傳統而言，兩者可能是同樣、同一的東西應用到不同領域，一個適用於大自然，一個適用於人類社會。可是，兩者也可能是不同的東西。本章不打算探討這個有長遠歷史且十分困難的問題。本章討論的是「科學定律」（scientific laws）。

把「定律」這個詞用到大自然，在近代才興起。近代科學家提出許多數學公式，它們被認為規律了物質的行為，因此是大自然的定律。除了上述天文學、力學和電學的許多定律外，還有光學的司乃耳定律（Snell's law）、熱力學第一和第二定律、化學的定比定律（law of definite proportion）和倍比定律（law of multiple proportion）、生物學的孟德爾遺傳定律（Mendel's laws of heredity）和哈帝－溫伯格定律（Hardy-Weinberg's law）……等等。這些定律都可被表達成數學等式（或公式），代表幾個量度（magnitude）之間的函數關係。問題是，定律當然不只是數學公式或函數本身，它們必定要涉及大自然，才可能被說是「自然定律」。因此，定律也要包含陳述大自然的行為、事件或狀態的部分，簡單地說，定律以量度間的數學公式表達了大自然的可以重複發生的行為、事件或狀態。哲學文獻用很多不同的觀念來刻畫定律的特徵，以下我們一一作簡單討論。

讓我們把這幾個不同學科的定律內容表達出來：

(1) 司乃耳定律是描述光或其他的波，從一個介質進入另一介質（例如從空氣進入水中），入射角的正弦值與折射角的正弦值的比值，與兩介質折射率的比值成反比。如果入射角是 θ_1，反射角是 θ_2，入射介質折射率 n_1，折射介質折射率 n_2，則 $n_1\sin\theta_1 = n_2\sin\theta_2$。

(2) 熱力學第一定律又稱「能量不滅或能量守恆定律」，是指一個系統的內能變化量 $\triangle U$，等於系統吸收的熱能Q減去系統做功消耗的能量W。熱力學第二定律又可稱「熵定律」（law of entropy），亦即任何自然界的熱力系統一定是朝系統的熵增加的方向改變。所謂的「熵」指能量變化量與溫度比值的積分，定義成 $\triangle S = \int dQ/T$，其中 $\int$ 是積分算符，dQ是系統的熱量變化量，T是系統溫度。

(3) 定比定律指「任何一種化合物，其組成元素的質量有一定的比例關係」。例如水 H_2O 是由H和O兩種元素化合而成的，其質量比是 $1:8$。這條定律告訴我們，所有元素之間有某種固定的質量比例關係，從而推出後來化學元素週期表。倍比定律是「若兩元素可以生成兩種或兩種以上的化合物時，在這些化合物中，如果一元素的質量固定，則另一元素的質量成簡單整數比。」例如CO和 CO_2 中，如果C的質量固定，那麼生成的CO和 CO_2 中的O質量成整數比。這條定律告訴我們兩元素之間的化合，必定是整數單位之間的結合。因此它預設了化學原子論。

(4) 哈帝－溫伯格定律指「一個族群在理想狀況（沒有任何干擾因素）隨機交配下，經過足夠多的世代之後，其基因頻率或基因型頻率會保持恆定並處於穩定的平衡狀態。」可是實際的生物世界總是會有干擾因素，因此大自然可能不存在符合哈帝－溫伯格定律的族群。

一、定律的特質

定律與通則之間有什麼差別？「所有具質量的物體都有萬有引力」、「所有物質都是由原子構成的」、「所有元素都有一個特定的原子量」等述句都是通則（generalizations），而它們似乎也可被稱作「定律」或是「定律」的一部分（定律預設的通則）。相反地，並非所有的通則都是定律，例如「所有銅都可以導電」、「所有昆蟲都有六隻腳」、「所有哺乳動物都有心臟」等通則，一般不會被科學家稱作「定律」。相反地，它們可能是定律所導致的結果。例如銅的原子結構使它可以導電、昆蟲的分類原則或演化來源

使它們都有六隻腳、哺乳動物的生理結構和生存條件使它們都有心臟。為什麼會有這樣的差異呢？定律有什麼特質使得定律可以被稱作「定律」？

　　科學哲學文獻很少檢查實際上被科學家稱作「定律」的述句，科學哲學家繼承哲學傳統，認為定律是一種「必然通則」（necessary generalization），有別於「偶然通則」（accidental generalization）。所謂「偶然通則」的例子如「所有人的身高都不超過2.5公尺」，因為似乎沒有什麼必然的因素使人不會長得超過2.5公尺，所以，這個通則只是偶然而已。所以，定律與偶然通則不同是因為它們是必然的，但是什麼因素使定律成為必然的？

　　本性（質）主義（essentialism）是主張定律有必然性的一種哲學觀點。這個觀點相信上述第一群通則沒有任何例外，所以是必然的；但第二群通則都是從經驗中觀察歸納推廣，可能有例外，無法保證其必然性。不過，這個立場有不少問題：第一，從經驗而來的通則如「所有銅都可以導電」、「所有昆蟲都有六隻腳」或「所有斑馬都有條紋」未必不是必然的，理由正是它們有可能是底層的定律所導致的結果，所以如果定律是必然的，那麼這些通則也可能是必然的，但無論如何科學家卻沒有稱它們為定律。第二，要如何由經驗來證明一個定律具有必然性？由經驗來證明一定要使用歸納法，但使用歸納法在邏輯上就不可能有必然性。所以，定律的必然性不可能由經驗來證明。第三，這個主張排除了**機率定律**的可能性，例如孟德爾遺傳定律要說明的現象是具機率性的結果，總是有其例外，然而科學家仍稱之「定律」。更何況，不只是機率或統計定律有例外，事實上所有定律都有例外，才會有**但書條款**的設計（見第三章）。所以，把**必然性**當成區分定律和一般通則的標準可能站不住腳。

孟德爾遺傳定律的內容和發現十分複雜，第一定律或分離律是說「控制性狀的遺傳因子（等位基因）就像粒子般是彼此分離的。」通常這條定律用來說明顯性性狀和隱性性狀互相交配產下的子代都是顯性的性狀，它們一般被稱作第一子代；都顯現顯性性狀的第一子代互相交配產下第二子代，卻呈現顯性性狀與隱性性狀是3：1的比例。第二定律或獨立分配定律是說「任一對遺傳性狀的行為，獨立於其它任何遺傳性狀的行為」，它可以用來說明二對性狀組合時，在第二子代中出現9：3：3：1的比例。可是這條定律要成立，只有在遺傳因子是位於不同的染色體上，如果控制性狀的兩對基因位在相同的染色體上，它們就不會「獨立分配」，而是處在連鎖（linkage）的情況中。

　　經驗主義的支持者認為本性主義的第二個困難是無解的，所以他們主張上述兩群通則都是定律，而且定律之所以為定律不在於它有必然性。第二群通則是經驗律或現象律（empirical or phenomenal laws），第一群通則是理論定律（theoretical laws），它們使用抽象的理論詞（theoretical terms），例如「質量」、「萬有引力」、「原子」、「元素」、「原子量」等等。可是，一來這並不符合科學界的一般用法，二來把經驗和觀察推廣得到的通則也視為定律，那麼人們可能在一些觀察後歸納出「所有天鵝都是白的」、「所有烏鴉都是黑的」、「所有馬都有四條腿」這樣的通則，它們都算是定律嗎？若是如此，「定律」就用得太浮濫了，「發現大自然的定律」也就沒有什麼值得稱道之處。經驗主義者解決這個質疑的方式是利用「印證」來區分：被印證的通則才能說是「定律」，沒有印證或有反證例的通則就只是通則。這仍然有一個問題：如何才算是被印證？我們可以規定「至今沒有發現任何反證例」的通則才算是被印證。但這並不排除該通則在日後有可能發現反證例；事實上，幾乎所有的通則或定律都有反證例，那麼幾乎沒有通則可以說被印證。所以，以「被印證」來區分定律和非定律的通則也有其礙難。不過，經驗主義可以改變「印證」此一概念的定義來避開這個

反對，亦即「印證」是指一個印證例可以增加一個假設成立的機率時，就可說此假設被印證了，而不必在乎此假設是否有反證例。[1] 但它仍然不能解決「爲什麼很多通則比定律有更高的印證程度卻不被視爲定律」這個問題。

第三種觀點可稱爲「基礎論」（foundationalism or fundamentalism）。基礎論者主張定律表徵大自然的基本規律性（primary or fundamental regularities），意指那些在現象或經驗規律性的背後或底層支持的規律性，它們規律（regulate）經驗或現象的發生，本身卻無法被觀察和經驗，它們是某種抽象的理論元項（theoretical entities）的規律性，所以它們預設了那些理論元項。這種立場主張只有第一群的通則才算是定律，因爲它們表徵了基本規律性；第二群通則只是現象的規律性而已。基礎論者的用法比較符合當代物理學家的用法。可是，這種立場仍有其麻煩：如何區分「基本的」和「現象的」？這立場也相當於預設了「理論的」和「觀察的」區分。然而，我們是否能在「理論的」和「觀察的」之間畫出一條清楚的界線來？這個問題涉及到我們如何理解「理論」，支持者可能要先釐清「理論」的觀念。此外，有一個「觀察背負理論」（theory-ladenness of observation）的觀點被提出來挑戰這個區分，下文我們會回來討論它。還有像克普勒行星第一定律「行星繞太陽的軌道是橢圓形的」、化學的定比定律、孟德爾遺傳定律等似乎是觀察或實驗的通則（雖然它不是由歸納法發現的），然而科學界都稱它們爲「定律」，這些是否會構成基礎論的反例？

第四種觀點可稱爲「虛擬主義」（subjunctivism），主張**定律是一種反現況條件句或者支持自己的反現況條件句**。因爲有很多哲學家認爲，可以重複發生的狀態或事件應該用反現況條件句來表達，例如「伽利略自由落體定律」是：

（C1）所有重物在空中失去支撐會以每秒平方9.8公尺的加速度落下。

它可以翻譯或支持如下的反現況條件句：

（C1'）如果一個重物在空中失去支撐，則它會落下，其落下的加速度是每秒平方9.8公尺。

可是，我們也可以對非定律的述句作了反現況條件句的表述，例如：

（C2）如果我有翅膀，我就會飛。
（C3）如果六千五百萬年前那顆隕石沒有撞擊地球，恐龍就不會滅亡。

C2 表達一個不可能實現的事態、C3 表達一個與公認過去事實相反的事態，它們不可能構成科學定律。這意謂科學定律比其他反現況條件句的要求更多，作為定律的反現況條件句，其前件表達的必定是可能發生的或**可以實現的**（realizable）的事件，因為前件可以實現的條件句，我們才有可能檢驗其真假——亦即其後件也實現，此條件句為真，所以定律為真。但是，在歷史上，所謂的「科學定律」都是這樣一種反現況的條件句嗎？「所有具質量的物體都有萬有引力」並不是反現況條件句，它的條件句是：

（D1）所有x，若x有質量，則x具有萬有引力。

D1 不是一個反現況條件句，卻是重力定律的一部分，或說它是重

力定律預設的定律。雖然我們也可以考慮另一個反現況條件句：

　　（D2）如果x不具質量，則x不具萬有引力。

D2 似乎為真，但是，D2 要如何檢驗？或者說，D2 如何印證？我們是否能找一個不具質量的物體，再測量它是否不具萬有引力？科學定律一定是或支持自己的反現況條件句嗎？像克普勒第一行星定律、化學定比定律、孟德爾遺傳定律等等看似經驗通則的定律，是否也有其反現況條件句？要如何以反現況條件句表達它們？也許，反現況條件句只是某些、而不是所有定律的表達形式？

　　還有第五種觀點是「約定論」（conventionalism），主張定律是一種定義（definition），是某一個抽象科學概念（科學量度）的定義。既然是定義，就意謂對於該概念的意義是約定的，是人為的（認知）建構。例如牛頓第二運動定律其實是「力」這個概念的定義，亦即「力量」（量度）就是「質量乘以加速度」。在這個觀點下，只有第一群的通則會被視為定律（對「質量」的定義包含了萬有引力、對「物質」的定義包含「由原子構成的」；對「元素」的定義包含「具一定的原子量」等等），因為每一個概念或量度都需要用其他概念和量度來定義，如此這些定義最後會構成一個環環相扣的概念網絡，概念與概念之間互相定義，這會邏輯地導出一種「意義或概念的整體論」（semantic or conceptual holism）的觀點。約定論會引起的最大質疑就是：如果定律只是定義，那麼它如何能準確地預測大自然的規律性呢？它與大自然的規律性如此緊密的吻合只是巧合嗎？這似乎有點令人難以置信。但是，如同上述，約定論必定會導出整體論，因此，在約定論看來，一個孤立的科學定律不具重要意義，科學定律只有被鑲嵌在一個科學理論中，以一個概

念或意義整體**套用到**大自然或經驗世界上，正因為這個概念或意義整體與經驗的自然世界有高度的吻合，如此，作為理論一部分的定律能準確地預測現象或與自然規律性就不是不可思議的事。

第六種觀點可稱作「模型基礎觀點」（model-based view），它主張科學定律是這樣的通則述句：它們不是直接表達大自然中會重複發生的事態，它表達的是理想狀態下的模型，該模型則表徵一個自然系統或機制，該系統或機制在理想狀態下會顯現出規律性。透過模型的中介，定律才能夠涉及大自然的規律性。在這種模型觀點下，只有表達理想狀態的通則才會是定律，一般像「所有昆蟲都有六隻腳」、「所有烏鴉都是黑的」、「所有銅都可以導電」這些表達事實或簡單事態的全稱述句就只是經驗通則，而不是定律。當然，也有一些反對會被提出來：第一，模型觀點是否能解決一些看似經驗通則的克普勒第一行星定律、孟德爾遺傳定律、定比定律等等也被稱作「定律」的問題？第二，如果定律是表達理想狀態下的模型，為何定律能夠作出準確的預測？答案必定是該模型十分逼近大自然的真實狀態，若是如此，何不說定律逼近地表徵大自然的真實規律性即可？根據奧坎剃刀（Ockham's razor）這簡潔性原則，我們何必多設立一個模型的中介物？設立它又有什麼好處呢？

對定律的特質有這麼多不同觀點和主張，究竟哪一個才是最恰當的？所有觀點都面對如何恰當地詮釋科學中的種種不同形式的定律。筆者個人支持「模型基礎的觀點」，但本書不是一個論證特別立場的地方。不管如何，每一種觀點都有其特別的視角，或許「定律」這個詞指涉的對象其實是一個龐大的種類？「定律」代表的是一個高層次的類目？進而，不同種類的定律之間可能也只是家族相似的，並沒有一個充分必要的本質性條件可以定義或涵蓋所有的定律？換言之，理解定義應該從定律的分類著手。

二、定律的分類

定律是使用述句來表達的通則，我們可以根據通則的類型來區分定律類型。首先，就主詞指涉的對象之量來區分，兩種通則具有定律的候選資格：

（S1）全稱定律，又稱「普遍定律」（universal laws）。主詞指涉一個種類的所有對象，都發生述詞斷說的事態。例如牛頓運動定律、重力定律、歐姆定律、質能互變定律等等。可以說，多數科學定律都是全稱定律。

（S2）統計通則（statistic generalization）是主詞指涉一個種類的部分對象發生述詞斷說的事態，該部分以統計數字計算和表達。這種通則是否能被稱作「定律」？這是一個有爭議的問題。經驗主義主張我們可以說「經驗定律」和「現象定律」，也可以使用歸納統計的說明模式，如此就可以有統計定律。但科學上很難找到統計定律的例子。雖然有統計力學（statistical mechanics）這樣的名稱，但統計力學中並沒有規律性被冠以「統計定律」之名。

第二，就述詞斷說的模態（modality）來區分定律時，我們有「必然律」（necessary laws）和「機率定律」（probability laws）的區分。必然律也是「限定律」（deterministic laws），而機率定律也是非必然律和非限定律。

（M1）必然律的主詞指涉的對象，必然會發生述詞斷說的行為或事態。物理學多數定律都是必然律，例如牛頓運動定律、重力定律、歐姆定律、質能互變定律等等。可以說，除了統計力學和量子力學外，幾乎物理學的所有定律都是全稱必然定律。

（M2）機率定律的主詞指涉的所有對象，發生述詞斷說的行為或事態只是可能的或機率的。例如孟德爾第一遺傳定律說「控制

性狀的遺傳因子是分離地作用」，但實際上遺傳因子（基因）控制性狀的模式很複雜，我們對有性狀差異結果的計算是統計的，因此遺傳因子分離地控制某性狀只是機率的。又如海森堡不確定性原理（Heisenberg's principle of uncertainty）說次原子粒子的動量和位置的乘積並不是一個等式，而是 $\Delta p_x \Delta x \geq h/4\pi$，其中 Δp_x 指動量變化量，Δx 指位置變化量，h 是普朗克常數（Planck's constant）。那麼，當我們輸入一個固定的 Δx 值時，顯然有許多 Δp_x 都可以滿足這個不等式，這就意謂要固定位置時，動量就無法固定；相反地，當我們要固定動量時，位置都無法固定。因此，海森堡不確定原理告訴我們次原子粒子運動的位置和動量只能是機率的，而不是限定的。奇怪的是，量子力學家把它稱為「不確定性原理」而不是「不確定性定律」，但在此我們不區分「原理」和「定律」。

第三，就述詞的類型來區分定律，我們可以區分成「屬性律」（attribute laws）、「因果律或造成律」（causal laws）、「動態變化律」（dynamic laws）。以下分別說明：

（P1）屬性律的主詞指稱某一種類的對象，而述詞描述特定屬性。如果其主詞指涉該種類的全體對象，則是「全稱屬性律」，例如「所有具質量的物體都有萬有引力」、「所有生物體都由細胞構成的」、「所有人類細胞的細胞核都有23對染色體」等等。如果主詞指涉的該種類對象，具有該屬性則只是機率性的，則是「機率屬性律」，例如「控制性狀的遺傳因子彼此是分離地控制性狀的遺傳」。

（P2）因果律或造成律的句型結構通常是「主詞＋動詞＋受詞」，其中動詞就是「造成」、「產生」、「導致」等等，主詞指稱原因，受詞指稱結果。例如「板塊運動造成地震」、「抽菸導致肺癌」、「感染流行性感冒病毒導致流行性感冒」、「以中子撞擊

鈾235引發核分裂反應」等等。可能沒有因果律是全稱定律（除非在理想狀況下或有但書條款），絕大多數的因果律都只是機率定律，亦即原因出現時，會造成結果出現不是必然的，而是機率的。因果律通常可以被表達成反現況條件句，例如「如果一個人常抽菸，則他很可能會罹患肺癌。」或者「如果一個人接觸流感帶原者，則他有可能會受感染。」可是，即使前件實現，後件也未必成眞，因爲兩個事件之間的聯結只是機率的。

（P3）動態變化律（dynamic laws）表達規律變動的事態，也就是說，主詞指涉的對象從一組起始條件（initial conditions）開始，經歷一段時間後處在另一組終端條件（final conditions）下。它又可分成二種次類型：

（P31）共變律（covariance laws）或函數律（function laws）的例子如波以爾－查理定律、自由落體定律、牛頓運動定律、重力定律、庫倫定律等等包含數學等式（或方程式）的定律都是共變律或函數律。因爲它們描述一對象的幾個量度之間具有共變或函數的關係，也就是某個量度的一定輸入（input），會使得其他量度有一定的輸出（output）。例如波以爾－查理定律 PV=KT（其中P指壓力、V是氣體體積、T是溫度、K是常數）描述密閉室中的氣體，其壓力、體積和溫度有上述的數學等式關係，當體積減少時（「體積量度」的輸入量變小），壓力必定以一定的程度而增大（「壓力量度」的輸出量變大）。自由落體定律似乎只告訴我們一個常數——（在地表附近）重力加速度，但它蘊含了降落距離與花費時間之間的共變或函數關係（距離等於重力加速度乘以花費時間平方的一半）。

（P32）周期律（periodicity laws）或階段演變律（stage-evolutionary laws）意指一個種類的對象都會經歷一種周期循環，或者一

種階段性改變的過程，其所經歷的每個階段都有鮮明的特徵足資辨識。例如昆蟲學家發現很多數種類的昆蟲一生會經歷卵、幼蟲（或幼態）、蛹、成蟲的階段；心理學家觀察到人類一生會經歷不同的成長階段或時期，即嬰幼兒期、兒童期、青少年期、成年期、老年期，這些成長階段包含了生理和心理上的顯著特徵；還有，二十世紀的天文學家也提出一個「恆星的生命周期」的假說，它推論所有恆星都會經歷「新星期、穩定的主序星（main sequence star）期、紅巨星、白矮星、中子星、黑洞」這樣的階段歷程，每個階段都有它明顯的特徵。

讀者可能會發現，物理學上的定律大抵是共變律或函數律，因為它們含有的數學等式都是一種函數，函數保證了一定數值的輸入就會有一定數值的輸出，而不能有其他數值，這意味著輸入**限定**（determine）了輸出，不管是科學或哲學都把這種定律稱作「限定律」。另一方面，生物學家、心理學家、天文物理學家卻很少把「昆蟲的生命周期」、「人類的生理心理周期」、「恆星的周期」等等稱作「定律」；各領域的科學家也很少把上述所舉出的因果律稱為「定律」，而且它們的一定輸入（原因）並不保證能產生一定的輸出（結果）。科學的這種命名習慣是否暗示著定律就是限定律？不過，前文已經明確舉出非限定性的機率定律，以下讓我們更進一步討論限定律和非限定律。

三、限定律與非限定律

自由意志與限（決）定論是一個長遠的哲學議題。之所以會有這個問題產生是因為近代科學的發展，塑造了一個機械主義（mechanism）的世界觀——簡單地說，世界是一台大機器。機械主義其實有兩個意義，第一個是笛卡兒的機械主義，意指世界上一

切事物的相互作用，都必定是由接觸（推、拉）和碰撞造成的，不存在任何超出接觸和碰撞作用之外的力量。就此而言，牛頓主張存在萬有引力這種超距作用（action in a distance），在十七世紀時不是機械主義。可是，科學家常常說牛頓力學或古典力學建構了一個機械主義的世界觀，這是機械主義的第二個意義：一個限（決）定論的世界。也就是說，這個世界在任何時刻的末端狀態（final state）都是被初始條件或初始狀態（initial state）限定了，正如一台機器的輸出（末端狀態）是被其輸入（初始狀態）限定了一樣。換言之，牛頓力學或古典力學真正說來是提出一個限定論的世界觀——這個世界受到幾條基本限定律的規律（regulation）。笛卡兒的推拉碰撞的機械世界也是一個限定論的世界，因為機器的作用是被相互接觸的零件限定的。

> 一般通譯成「決定論」，但「決定」這個用詞有主體性（subjectivity）的意味，例如「我決定了」。為了避免這種主體意味，筆者傾向改用「限定」一詞，亦即末端狀態總是受到初始狀態的限制，而且一定的初始狀態限定了一定的末端狀態。

「限定律」意謂：一事物在某一時刻處在一組初始條件下，呈現一種初始狀態，經歷任何一段時間後，總是被定律**限定**在唯一的另一組條件下，呈現唯一特定的狀態。牛頓的第二運動定律就是一條典型的「限定律」，因為我們可以利用F = ma的公式，計算一物體在初速、初始位置時，受到一定力量F產生的加速度a，再利用$V_f = V_i + at$，$S = V_it + (1/2)at^2$等運動公式，就可以**限定**物體的末速與位置是唯一的。因此我們說牛頓第二運動定律是個「限定律」。

反過來說，非限定律意謂：一物體在某一時刻處在一初始條件下，經一段時間後，該物體在該時刻的條件，並沒有被限定在唯一一種，但是我們仍可以透過統計或機率演算知道它在一些條件下

的機率，則這種統計或演算的公式或定律，就是「非限定律」。例如，如果我們知道「如果一個人罹癌，而且他連續接受某抗癌治療法三個月，則他痊癒的機率是65%。」因此，儘管他接受某抗癌治療法（輸入），他仍然有不痊癒的可能（另一種輸出的結果），如果一個輸入對應到兩個以上不同的輸出，則是非函數，而這個述句是個「機率的非限定律」。

是否函數律一定是限定律呢？一般代數函數由於其基本性質：一定的輸入必然產生一定的輸出，或者說定義域（domain）內的每一個定值都要能在值域（range）中找到唯一對應的值，如下圖6-1所示。所以使用一般函數的定律必定是限定律。

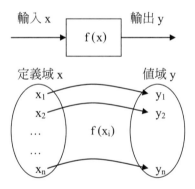

圖6-1：定義域x中的每一個x都會對應到唯一一個y值，其中不同的x對應的y值不管相等或不相等都是函數。但如果一個x對應到二個不同的y_i，就不是函數。

如果定義域（輸入、起始狀態、原因）的每一個定值，可能對應到值域（輸出、末端狀態、結果）不只唯一一個定值，那麼這就不是函數關係。機率定律的輸入狀態到輸出狀態之間的關係只是機率的（可能發生、也可能不發生、或發生第三種狀態等），因此機率定律就不會是函數律。可是，在機率理論中也有「機率函數」（probability function）這樣的概念，如果一個定律使用機率函數，那它

是限定律或非限定律（機率定律）？「機率函數」該如何理解呢？

　　考慮機率質量函數（probability mass function），它是離散的（不連續的）隨機變數（discrete random variables）在各特定值上的機率，數學定義是這樣的：

　　機率質量函數 =〔定義〕假設X是一個定義在可數樣本集合S上的離散隨機變數x，則其機率函數$f_X(x) = pr(X = x)$，x屬於樣本集合；若x不屬於樣本集合，則$f_X(x) = 0$。

所謂離散隨機變數是指變數是不連續的值，例如擲一般骰子就六個值 1, 2, 3, 4, 5, 6 點，所以 $x = 1$ 點時，則 $f_X(x) = pr$（1 點）=1/6。這個函數值是**先驗機率值**，所以是必然的，但是如果一個人實際去擲一個具體的骰子時，當他擲一定的次數，例如 60 次，他得到的 1 點的次數未必是 10 次，換言之，實際的頻率值不必然是 1/6。因此，即使一個定律使用機率函數，如果這機率函數產生的值是期望值，那麼這個定律就不會是限定律，儘管機率函數本身是限定的。但如果他丟擲的總次數越多（例如 600 次或 6000 次等），越能得到接近 1/6 的值，這時我們可以產生一個擲骰子的機率定律：「擲一個有六面、每面的點數分別是 1，2，3，4，5，6 點的骰子，如果擲的次數越多，出現 1 點的頻率（機率），根據機率質量函數，就越接近 1/6。」這個定律的前件（輸入）實現了，後件卻不必然成立。

　　樣本數目越多越接近先驗期望值的表述，可以適用到任何特定的機率通則上，因此又被稱作「大數法則（定律）」（law of large numbers）。大數法則可是說是所有機率定律的（後設）定律，它的簡單表述是「試驗某事件的次數越多，該事件發生的頻率就越接

近一個穩定值（或期望值或先驗機率值等等）。」有趣的是，大數法則本身也是個機率定律，即非限定律，因為它所斷說的並不能排除試驗次數較多，反而較不接近期望值的情況，例如我們當然有可能在某試驗中擲骰子660次，得到0.16的頻率；另一次試驗擲骰子600次，卻有0.165的頻率，比起0.16更接近1/6的期望值。

現在讓我們討論限定性理論（deterministic theory）的觀念。如果一個科學理論由幾條限定律構成的，它就是一個限定性理論。牛頓力學理論、馬克士威爾的電磁學、愛因斯坦的相對論等科學理論都是限定性理論。那些由非限定律或機率定律構成的科學理論如量子力學、古典遺傳理論就是非限定性理論。既然限定論是由限定律構成的，假定每一個限定律都使用一個等式函數，我們可以建立一個限定性理論的抽象架構如下：

其中，S_i 表示系統 A 在時間 t_i 時的初始狀態，由 $x_1, x_2, ..., x_n$ 諸自變項構成的；S_f 表示系統 A 在時間 t_f 時的末端狀態，由 $y_1, y_2, ..., y_n$ 等因變項構成的。$a_{i1}, b_{i1}, ..., n_{i1}$ 是實際數值，構成 S_{i1} 的具體狀態；透過限定律的函數，可以求出 S_f 這具體末端狀態的 $a_{f1}, b_{f1} ..., n_{f1}$ 等數值。也就是說，可以精確地預測。所以，一個限定性理論描述一個系統的狀態變化，可以表達為 $S_f = F(S_i)$，即末端狀態是初始狀態的函數，這個狀態函數又可以表達成一組聯立方程式，即：

$$S_f = F\,(S_i) \begin{cases} y_1 = F_1\,(x_1) \\ y_2 = F_2\,(x_2) \\ \cdots\cdots \\ \cdots\cdots \\ y_n = F_n\,(x_n) \end{cases}$$

這組聯立方程式與每一個方程式鑲嵌的定律構成一個限定性理論。可是，如果這些函數其中有機率函數的話，那麼這只能顯示輸入有很高的機率使輸出接近期望值，卻無法保證必然有唯一一個數值，就不是一個限定性理論。

貳、理論

理論也常常出現在科學的論述中，雖然不是只有科學才會使用理論一詞，但是科學無疑相當重視理論，而且科學把理論變成值得敬重的東西，而不只是「空想」的同義詞。

理論的英文theory這個字，來自希臘字 theoretikos原意是「思辨的」，相當於今天的英文字speculation（沉思）。理論在希臘時代是對立於實踐或實作（practice，希臘文是 phronesis），所以，理論的就不是實踐的——中文也有這樣的對立。二十世紀的邏輯經驗論，把理論對立於觀察。理論的就是**不可觀察的**（unobservable），也就是無法使用肉眼感官來看到或感覺到（但以視覺為主）。所以，「不可觀察的」不是「未被觀察到」（unobserved）。然而，觀察也可以被視為一種實踐或實作，所以，理論仍然有對立於實踐的含意。

本節想探討的問題是：科學理論有何本質（nature）使其可以被稱為「科學理論」？

一、科學理論的本質：理論與觀察

哲學家對理論的本質（the nature of theories）有許多不同的觀點。經驗主義者認為「理論的」（theoretical）是一些概念（concepts）或語詞（terms）的特徵，這些概念或語詞稱作「理論概念」或「理論詞」（theoretical terms），指涉不可被感官經驗到或不可觀察的對象或東西，這些對象或東西就稱作「理論元項」。相對而言，指涉可以被感官經驗或可以觀察對象的概念或語詞就稱作「觀察詞」（observational terms）。如果有一個述句的主詞和述詞都是觀察詞，那麼它是一個觀察述句，如果一個述句至少包含一個理論詞，它就是一個理論述句。

以觀察為標準來看待「理論的」這個特性預設了一個「可觀察的」和「不可觀察的」之間的界線。問題是，這個界線要畫在哪裡？它的標準又是什麼？觀察一定要使用裸眼，經驗論者是否用裸眼來區分可觀察和不可觀察呢？已知科學研究總是需要儀器的輔助，所謂的「科學觀察」往往是透過儀器的幫助（如放大鏡、望遠鏡、顯微鏡等等）或者觀察儀器的讀數，因此不能排除儀器輔助的觀察。但是，如果儀器輔助的觀察也是觀察，而科學儀器會隨著科學的進展而變動的，那麼「觀察的」與「理論的」界線也會隨之而變，例如十七世紀之前科學家看不到細胞和微生物，但十七世紀末的胡克（Robert Hooke, 1635-1703）和列文霍克（Antoni van Leeuwenhoek, 1632-1723）使用顯微鏡觀察到細胞和微生物之後，兩者變成是可觀察的對象。同理，二十世紀初的經驗論者常將分子、原子視為不可觀察的，因此「分子」、「原子」是理論詞，但是x光攝影技術甚至電子顯微鏡發明後，分子和原子都可拍攝干涉或繞射的照片了（例如DNA的繞射圖片如下圖6-2），那麼它們算是可觀

察對象了嗎？「分子」和「原子」變成觀察詞了嗎？如果是，表示「理論」和「可觀察的」之間的界線是會隨著時代變動，甚至有科學哲學家主張，所有「理論的」原則上都是「可觀察的」。如此，就不可能在「理論的」和「觀察的」之間畫出一條界線。不過，經驗論者還是可以爭論說，這些干涉或繞射的照片並不是分子或原子的真正影像，它們只是一些線條圖樣，並不意味DNA（的結構）是可觀察的。

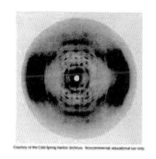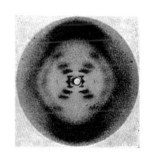

圖6-2：DNA的x光繞射照片A型（左邊）和B型（右邊）。

然而，憑什麼說圖6-2是DNA分子（結構）的照片？如果一個人沒有任何知識背景或先備的理論知識，他能從這些斑點、線條看出這兩張照片是DNA分子的照片？甚至如果不告訴你它是由x光拍攝出來的，你也不會知道這兩張是x光照片，更不必說何謂「繞射照片」。這些說法暗示了一個「觀察背負（預設、依賴）理論」（theory-ladenness of observation）的主張，意思是說，科學家對於

這兩張x光繞射照片是英國晶體學家弗蘭克林（Rosalind Franklin, 1920-1958）拍攝的。分子生物學家克里克（Francis Click, 1916-2004）和華生（James Watson, 1928-）根據這兩張照片推出DNA分子有一個雙螺旋的分子結構。那麼，分子結構是可觀察的嗎？

被觀察對象的描述語言，總是預設了一個理論，或者要依賴於一個理論、或說被鑲嵌在一套理論語言內。如此一來，我們就無法在「理論的」和「觀察的」之間劃出一條清楚的界線來。這個主張還有一個重要的結果是：科學家也很難以所謂「中立的觀察證據」來決定理論的取捨，因爲觀察總是預設了某個理論。

「觀察背負理論」這個主張源於1950年代認知心理學中所謂的「蓋式塔心理學」（Gestalt psychology），Gestalt是德文「整體」的意思，蓋式塔心理學就是「整體心理學」或譯成「完形心理學」。它的主張是說人們的觀察經驗總是會受到先入之見或既有的背景知識的影響。例如有人可能傾向把下圖6-3看成是一個立方體，而且可能會把它看成實心的或空心的，兩者分別又可能從上方角度看或從下方角度看，但也可能沒有任何立體聯想的人看到的只是一些交叉的直線。

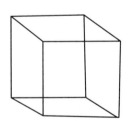

圖6-3　這些相連的直線、斜線構成什麼圖形？

有些哲學家認爲「觀察背負理論」的主張代表人類感官經驗的模糊和不精確，這並不是什麼新奇的主張，從希臘時代以來，哲學家就不斷地在提醒我們感官經驗的不可靠。然而科學可以使用精確的測量工具來取代人類的感官觀察，眞正的科學觀察其實是讀取儀器讀數。例如我們由電流計來讀取電流量是多少安培，如果一個理論預測 H 安培的電流量，另一個理論預測 H' 安培的電流量，我們只要

設計實驗並使用電流計來測量究竟是 H 或 H' 的安培，就可以判斷哪個理論眞、哪個理論假，所謂「觀察背負理論」的主張對於這種以工具來測量根本就毫無影響。然而，「觀察背負理論」的主張者可能會爭論：所謂觀察不只是指人類的感官經驗，當然也包括科學儀器的測量、甚至實驗的設計，亦即測量儀器如電流計的設計和製造難道不是要依賴於（電流）理論嗎？同樣地，沒有理論的引導，科學家如何能設計一個實驗來檢驗理論呢？換言之，這個論題應該被擴張成「測量儀器背負理論」和「實驗背負理論」。

　　總而言之，把「理論的」定義成「不可觀察的」可能有很多問題，但是，指出它的問題並未積極地回答「理論是什麼」的問題，而且即使「觀察背負（依賴）理論」也不能說明理論的本質爲何。通常接受這個論題的科學哲學家如孔恩和費耶阿本同時也採取一種「理論整體論」（theory holism），亦即一個科學理論是一種「概念整體」（conceptual Gestalt），在這個整體無法明確區分什麼是理論概念、什麼是觀察概念，種種概念是互相定義的。例如一個人可以說牛頓第二運動定律的等式F=ma中的F（「力量」）是理論概念，它由可以測量的質量m和加速度a的乘積來定義；可是，F其實也可以用一種彈簧計來測量，亦即把彈簧的伸長量和受力大小作校準，如此可以在彈簧計上直接讀出力量的大小，那麼這時F不就變成可觀察的概念了？反而加速度無法直接觀察和測量，要使用 F/m 來定義和計算，這時加速度 a 變成理論概念了。當然，一個人仍然可以根據一個物體在一定時間內移動的距離之測量來計算加速度，從這個取向來計算的加速度又變成可觀察的概念。進而直接讀出力量大小的彈簧計其實要依賴於兩個定律：第一個是胡克定律（Hooke's law），即「施加在彈簧上的力量大小與彈簧的伸長量或壓縮量成正比」；第二個是第三運動定律，即「任何作用力都有反

作用力，而且大小相等方向相反」。又如果我們要校準一個力量的彈簧計時，可能要依賴於砝碼，也就要依賴於重力定律。這等於是第二運動定律的測量要依賴於重力定律；但是重力定律又是由第二運動定律導出，在邏輯上，這裡似乎有嚴重的循環？要解決這種似乎是無效推論的循環問題，只有把理論理解成一個概念整體。

在「觀察－理論二分架構」和「觀察背負理論的架構」之外，還是有第三種立場。科學哲學家例如哈金（1983）和筆者（陳瑞麟〔2005, 2012〕）懷疑：所有觀察都依賴於理論嗎？他們承認觀察會受先入之見、背景知識的影響，可能依賴於一個概念架構，但這些先入之見、背景知識、概念架構等等可以被說是「理論」嗎？若是如此，「理論」這個詞也顯得有些浮濫。可是，這並不意味觀察總是中立而且不依賴於理論。也許有些觀察背負理論，有些觀察可以獨立於理論，但不管依賴或獨立，我們都不可能用不可觀察來定義「理論」。當然，這種立場也需要對「理論是什麼」給出一個合理的交代：一個合理的答案是「理論的模型觀點」，見下文討論。

二、科學理論的本質：理論與假說

我們一般對「理論」這個詞的意義和指涉有另一種直覺，亦即它是用來整合或統合種種雜多瑣碎的事物，使它們顯現出某種整體性、統一性。先前已提到中文的「假說」與「假設」的不同，在於「假說」就是「理論假設」，它是一個整合種種不同的假設並用以說明一整群相關或者看似不相關但終究相關的現象。一個假說之所以仍然是理論假設是因為科學家只是暫時設想它成立，理所當然地，如果一個理論不再被稱作假說或理論假設，就意謂它能成立——它已通過印證而被證實成立了。一些科學家便是以「印證或驗證」來區分「理論」和「假說」，例如粒子物理學家凱恩（Gordon

Kane）在其著作中說：

> 科學界使用「理論」這個詞，多少意味著理論的預測大多都被測試和驗證過了。當科學家開始進行某個領域的研究時，他們會先提出模型，來引導思考，規劃實驗，並且發展量化的預測。……（《超對稱：揭示大自然的終極定律》（*Supersymmetry: Unveiling the Ultimate Laws of Nature*）中譯本，頁31）

凱恩這兒所謂的「模型」也就相當於「假說」，因為假說是尚未被印（驗）證的理論假設。先前第二章已經提過假說是一組結構性或系統性的條件假設，而條件假設一般可用來表達通則。如果理論是通過印證的假說，那麼理論就是由一組定律和通則構成的，其間的關係就是演繹。也就是說，一個理論有最高層的定律，可以演繹出較低層的定律或定理（theorems），再由較低層的定理演繹出經驗性或觀察性的通則。換言之，一個科學理論類似一個數學或幾何公理系統（axiomatic system），所不同的是，科學理論的最高層次原理或定律（地位相當於公理）並不只是設準（假設），而是可被經驗驗證的。例如牛頓力學理論是由三大運動定律和重力定律構成的，而重力定律可以由第二運動定律導出，由重力定律可以演繹出（說明）三大行星定律和自由落體定律——這也是先前第二章討論的「說明之涵蓋律模式」。又如道爾頓（John Dalton, 1766-1844）的化學元素原子論（atomic theory of elements）包含「物質都是由元素構成的」、「每一種元素都是由一種原子構成的」、「每一種元素的原子都一模一樣，擁有完全相同的性質」、「化合物是由兩種以上的元素結合而形成的」這幾條基本原理（道爾頓並沒有稱它們為「定律」，但它們無疑是定律），它們可以演繹（說明）定比

定律（所有化合物的成分元素之質量成一定比例）和倍比定律（若兩元素結合成不同的化合物時，其一元素的質量固定，另一元素的質量成整數比）等等經驗定律。因為整個理論系統可以演繹出許多經驗定律，作出許多預測，這些經驗定律和預測符合實際，所以相當於公理的理論原理就有其經驗基礎。

問題是，即使一個理論通過很多經驗的印證，但最後仍有可能被否證，例如第五章花了相當篇幅討論的「燃素理論」，有些科學家可能會堅稱它只是「燃素假說」，算不上是「理論」。若是如此，上述所談的力學理論、元素原子論也都有被否證之處，因此也無法擺脫假說的地位？這意謂我們很難在「理論」和「假說」之間劃出一條明確的界線來。不想放棄「印證」判準的人可以爭論，燃素論雖然後來被否證，但它確實一度被印證成立了，所以它夠資格被稱作「理論」，可是，如同第三章所論，被印證是擁有一個印證例子，而且「能說明一個既存現象」也可以是擁有一個印證例，那麼任何假說被提出來的目的都是要說明既存的現象，只要它是一個合理假說，它就能作合理的說明，就可以有印證例，就有資格被視為「理論」，更何況大多數的合理假說能說明的現象通常不會只有一個。再者，第三章已經提到一個假說（理論）無法完全被印證或否證的「不足決定論論題」，這些爭論都使得以「印（驗）證」與否來當成區分理論和假說的標準難以穩固。

或許真正的重點在於科學理論是如何被構成的？前文已談到理論是一組結構性或系統性的定律和通則，相當於一個公理系統。科學理論作為一個公理系統不僅繼承了希臘科學的傳統，其本身也有相當的特色，足以和其他非科學理論區分出來，因為非科學的理論似乎很少或不易被表達成一個公理系統。如果科學理論都蘊含一個公理系統，那麼科學理論的本質就在於它的結構。

三、科學理論的結構

科學理論是否有其特定的結構，使它們與其他非科學的理論有所不同？已知科學，至少是物理學大量使用數學為工具，而數學（幾何）公理系統（axiomatic system）在希臘時代已得到非常完整的發展，事實上，希臘幾何的發展和天文學的發展密切相關，所以把理論表述公理化（axiomatization）也是希臘科學的一個重要特徵。

公理系統是指一組述句或命題，其中有幾條最基本的公理（axioms）或公設（postulates），系統其餘述句和命題，都是由這幾條公理根據形構規則（formation rules）而演繹出來的。在希臘幾何學家歐幾里得的《幾何原本》（*Element of Geometry*）中，公理系統首度得到完整的表達。日後有許多科學著作，如公元第二世紀托勒密的《天文學大全》（*Almagest*）、十六世紀哥白尼的《論天體運行》（*On the Revolutions of the Celestial Bodies*）、十七世紀牛頓的《自然哲學的數學原理》（*Mathematical Principles of Natural Philosophy*）和《光學》（*Optics*）、十九世紀赫茲（Heinrich Hertz, 1857-1894）的《力學原理》（*Principles of Mechanics*）都是以公理系統的形式來書寫的。二十世紀的邏輯家，也發展了精緻的邏輯公理系統。

歐幾里得的《幾何原本》由「點」、「線」、「直線」、「面」、「平面」、「平面角」、「直角」、「銳角」、「鈍角」、「平面圖形」（如三角形、矩形、正方形等）、「平行線」等名詞的定義開場，再舉出五個公設（postulates）：

(1)兩點之間可產生一條直線

(2)直線可從任兩端之一端延伸

(3)任何一點可畫出任何半徑的圓

(4)所有的直角都相等

(5)平行線永不相交

在這五個公設之後，《幾何原本》又列出三條公理（axioms）：第一，等於同一件事的事物，彼此相等（即等號的傳遞律，$[(a = b) \land (b = c)] \supset (a = c)$）。第二，等數加上等數產生等數之和（即 $(b = c) \leftrightarrow (a + b = a + c)$）。第三，整體大於部分。這三條所謂的「公理」其實是「形構規則」（formation rules），也就是形構命題或定理時所需的推演規則，例如我們要證明「對等角定理」時，要用到公理二。所謂「對等角定理」是指把任兩條直線相交如下圖 6-4，其中角 2 和角 3 被稱作「對等角」，則對等角的角度大小必然相等。證明如下：根據定義「一直線的角度是 180 度」，所以 $\angle 1 + \angle 2 = 180° = \angle 1 + \angle 3$，又根據公理二，所以 $\angle 2 = \angle 3$。得證。

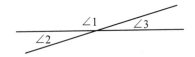

圖6-4：對等角

在希臘時代，「公理」有自明之理的含意，亦即公理為真是自明的，也就是後來哲學家所謂的先驗真理——毋需與經驗對照而可判斷為真。如同所述，《幾何原本》所列出的「公理」其實是在演繹定理或公式時所需的形構規則，它們本身不是幾何命題，而是演繹出幾何命題的工具。反觀五個公設本身也是幾何命題，是整個演繹系統的起點。但後來的數學家和邏輯家那些演繹工具稱作「形構規則」，而把「公理」和「公設」視為同義詞。

類似上例，由定義、公設和形構規則，歐幾里得就可以演繹和證明各種幾何定理。公設是演繹的起點，定義提供演繹的內容，形構規則是演繹的特別工具。在幾何、數學或邏輯系統中，那些基本名詞如「點」、「線」、「面」等的定義來自直觀，不必與經驗有所連結。例如「三角形」的定義是「由三根線段的端點互相連接的封閉區域」，並不是意指任何實際存在的三角形形狀的物體。如果科學理論是一個公理系統，那麼它也要有公理、定義和形構規則。可是，經驗科學理論必須和經驗有所連結，所以如何把公設中所設定的理論詞連結到經驗上——亦即如何去定義理論詞就是一個把科學理論公理化所必須探討的重要課題。

　　牛頓《自然哲學的數學原理》一書本身就是使用公理系統的架構來寫作，因此可以作為「作為公理系統的科學理論」之分析範例。牛頓首先列出三大定律以扮演三條公設的角色：

　　L1：除非受到外力作用，否則每個物體保持靜止，或者保持等速直線的運動。

　　L2：運動（量）變化和作用力成正比；而且變化量發生在力量作用的直線方向上。

> 這是牛頓的原始表述，似乎和教科書的介紹大不相同，它也沒提到質量。不過我們要記得在定義二中牛頓定義了「運動量」等於質量乘以速度，亦即 $P = mv$。所以，這兒的第二定律可以表為 $(P_1/P_2) = (F_1/F_2)$。

　　L3：對每個作用（action）而言，總有相反方向上相等的反作用（reaction）；或者，兩個物體彼此互相作用，總是相等而且方向相反。

隨後提出八個定義（當然，全部定義不只是這些），其中最後三個

定義是第五個定義的分類，[2] 下文不列出。

D1.「物質的量（即質量）」（the quantity of matter）是體積（bulk）乘密度（density）的量測。

D2.「運動的量（即動量）」（the quantity of motion）是質量乘上速度（velocity）的量測。

D3.「物質的慣性力」（innate force of matter）是內在每一物體內本有的阻抗能力，維持物體在目前的狀態——或者靜止，或者在一直線上等速移動。

D4.「作用力」（impressed force）是施加在物體上的作用（action），以改變它的靜止或等速狀態

D5.「向心力」（centripetal force）使物體被拉向或驅向或傾向作為中心（centre）的某一點。

從作為公理的三大定律和上述定義，牛頓著手演繹各種定理，當然在這個過程中他會不斷地加入新的定義。所有演繹中最重要的是從向心力推導出克普勒行星第一和第二定律（即向心力作用在以橢圓軌道運動的一個質量點上，必然可導出面積律），並證明平方反比定律（即向心力和距離平方成反比）。[3]

任何公理系統都需要**形構規則**，牛頓力學理論的形構規則是什麼？所有的公理系統都是演繹系統，所以形構規則都包含邏輯演繹規則，但是除了邏輯規則外，大多數的公理系統都還使用更多語言，也就包含更多形構規則，例如上文所舉的歐幾里得幾何公理系統包含三條形構規則（公理）。牛頓力學理論可以使用不同的語言來表述，例如牛頓自己使用幾何的語言，後來的古典力學家使用簡單代數來表達，牛頓第二運動定律才成為今天常見的 $F=ma$ 的形

式，十八世紀的歐陸古典力學家更使用以萊布尼茲（Gottfried Wilhelm Leibniz, 1646-1716）發明的微積分記號語言來表達第二運動定律如$dF = m(d^2S/dt^2)$，那麼使用這種數學語言的公理系統就要包括其記號定義和演算規則。

科學理論作為公理系統會顯出一個定律的層級結構，即最高層次的公理是最基本的理論定律，由基本定律可以演繹出中層次理論定律（在公理系統的結構中一般稱為「定理」），再由中層定律演繹出經驗律或現象律。這樣的理論結構也反映出科學說明的涵蓋律模式，因為涵蓋律模式主張說明就是演繹：理論對經驗現象的說明就是從最高層的定律演繹出中層定律，再從中層定律演繹出經驗定律，如此等等。

邏輯經驗論主張科學理論有一個公理化的結構，公理總是包含了一些不可觀察的理論詞，要將之奠基在可觀察的基礎上，必須以觀察述句來定義理論詞，邏輯經驗論者把這些定義稱作「橋律」（bridge laws）、「辭典」（dictionary）或「對應規則」（correspondence rules）。對應規則本身也是一種述句，所以，一個科學理論包含了一組述句，有公理、定義（對應規則）和被演繹的定理等，又被稱作理論的述句觀點或句法觀點（the syntactic view），以對立於後來的語意觀點（the semantic view）。進一步，邏輯經驗論主張使用邏輯公理系統來重建科學理論，他們也使用印證來區分理論與理論假設。可是，邏輯經驗論的「觀察詞－理論詞」的二分架構已受到嚴重挑戰，以印證為區分判準也無法穩固（如上節論證），最後，在探討對應規則的邏輯性質時，他們面對了一些困難。[4] 可是，也許邏輯經驗論的公理化版本受到質疑與挑戰，但這並不表示科學理論作為公理系統就是錯的，因為確實有大科學家明明白白地以公理形式來展開其理論。

　　科學理論的公理觀點最主要的問題是：並非所有的科學理論都是或可以使用公理系統的方式來表達。雖然先前列舉的著作在寫作上明白地以公理系統的架構來鋪陳理論（論著的組織和寫作的文章結構反映出公理系統的結構），但就整個科學史來看並非多數。科學史上的論著形式多元多樣，有對話形式如伽利略的《關於兩門新科學的對話》（*Dialogues Concerning Two New Sciences*）、問答形式如克普勒的《哥白尼天學概要》（*Epitome of Copernican Astronomy*）、議論形式（essay）如拉瓦錫的《化學的元素》（*Elements of Chemistry*）、達爾文的《物種起源》（*The Origin of Species*）等等，這些論著中所表達的理論，都可以含有公理系統嗎？答案可能是否定的。如同我們在第二章已討論，並非所有的科學說明都是涵蓋律模式的說明，因此，可能也不是所有的科學理論都具有公理化的結構。

　　回憶第二章已經討論其他非涵蓋律式的科學說明，我們已指出「模型基礎的說明」，一方面可以交代那些沒有普遍定律、也不具有涵蓋律模式結構的科學說明，另方面也可以使用模型（理想化的物件系統）來取代對應規則，以聯結理論定律和經驗現象。同理，我們也有科學理論的模型觀點（或語意觀點〔semantic view〕），可以完全配合「模型基礎的科學說明」。

一般科學哲學文獻上，常把語意觀點和模型觀點畫等號。不過，筆者認為隨著哲學觀點的演變與發展，語意觀點和模型觀點也慢慢分家。語意觀點主張使用邏輯模型（logical model）和集合論（set theory）的語言來重建科學理論，一個邏輯模型是 $<D; R_1, R_2, \ldots , R_n; F_1, F_2, \ldots , F_m>$ 這樣一個有序組，也可以進行集合論述詞來公理化科學理論。換言之，語意觀點仍保有濃厚的演繹邏輯色彩。然而，模型觀點更強調類比、圖像、概念認知等等，更貼近科學家對於「模型」的用法。如果類比、圖像、概念模型都可以是組織科學理論的元素，那麼理論內部元素之間以及理論和現象的關係，就不必然只是演繹關係。

　　模型觀點或模型哲學主張科學理論是透過模型來說明現象。一個模型是一個抽象而且理想化的物件系統（object system），這個物件系統是實際物質系統的模型或模擬。科學理論就是一個或一組模型的集合，其成員模型之間可以是階層（蘊含）關係、也可以是（家族）相似關係、或並列組合關係、或其他可能的關係。以下讓我們舉例概要說明。

　　所謂階層關係是指一個分類階層，有最高層次的原理模型、蘊含中層的定理模型、再蘊含底層的具體模型等等，這種擁有階層結構模型的理論也就是可以公理化的科學理論，例如牛頓第二運動定律描述一個質點（具質量卻不占空間的點——實際上並沒有這種東西）m被一個力量F作用，產生一定量的加速度a，這就是一個最高抽象的模型；如果我們進一步考慮質點的運動軌跡，例如直線運動、圓周運動等等時，我們就必須再建立較不抽象的模型，例如在自由落體運動模型中，一個具質量m的自由落體A是受到重力 U 的作用，產生一個g的加速度，g、m、U之間的關係可以從第二運動定律的等式中演繹出來。然後我們可以進一步將此模型應用到具體的現象上，例如說明一個從靜止高空氣球上自由掉落的沙包，掉到地上時的速度變化。可是，當我們使用模型觀點來解釋可公理化的科學理論時，這種模型化的科學理論，並不是由形構規則從高層定律來導出定理，而是由其他的推理模式，這是模型觀點與正統的公理觀點最大差異所在。

　　所謂家族相似關係是指一個模型和另一個模型之間只是相似的，如同兩個家族成員般在某些特徵上相似，另兩個家族成員在其他特徵上相似，但沒有任何共同的特徵是所有成員都擁有的。例如我們可能有一個一般性的波動理論（theory of wave），此理論包含水波模型、聲波模型和光波模型等等，但這些模型之間只具相似

關係，而不具階層性，亦即「水波模型」並不蘊含「聲波模型」和「光波模型」，「聲波模型」也不蘊含「光波模型」等，甚至一般性的、抽象的波動原理也不蘊含水波、聲波和光波模型，因為它使用高度理想化、數學化的波型（例如「正弦波」或「半圓波」），在數學上可處理，但在大自然並不存在這樣的波型，科學家只能用可處理的波型去逼近實際的水波、聲波和光波。可是，正因為物理科學大量使用數學工具以進行演繹，但演繹出的模型必須再調整才能逼近真實的現象，使得調整後的模型之間只能具有相似關係，這樣的特性使得科學理論中的模型似乎兼有階層蘊含關係和家族相似關係，即使牛頓力學理論的成員模型間，也可以從家族相似的角度來看待。[5] 正是因此，很多科學理論似乎可以被公理化但是又很難徹底公理化，這是因為「階層蘊含關係」和「家族相似關係」反映了我們看待與思考分類（classification）的不同模式。

從模型觀點來重建演化論有很多版本，因為歷來的演化學家不斷地發展新的演化論版本。本文在此只討論達爾文在《物種起源》一書中提出的原始版本，它的目標在於說明現存生物物種為什麼以及如何演化而來的。在最抽象的層次上，達爾文演化論是由三個模型組合而成的，即族群模型（model of population）、天擇模型（model of natural selection）和物種演化模型（model of specia-tion）。[6] 首先，族群模型來自馬爾薩斯的人口論（theory of popula-tion）的擴張，可以表達成「動植物族群數目，在理想狀況下呈幾何級數增加。但維繫生物生存和繁殖的資源有其限制。由於動植物族群數目並沒有理想狀況下那麼多，所以每個個體必定與同種或異種的其他個體競爭。」天擇模型是「同物種的不同個體之間、同類的不同物種之間，存在變異。個體變異特徵能遺傳給其後代。而大自然傾向保存有利生存的變異，淘汰有害生存的變異。」最後，物

種演化模型在《物種起源》中被達爾文表達為「分枝原理」（principle of divergence），它是「變異的個體經過長期修改，可能後代的差距越來越大，以致變成新物種，變異的改變和新物種的演化是緩慢逐漸的。生物競爭與天擇也作用在新、舊物種的所有個體之間」。這三個模型雖然相關，但卻在一定程度上可以獨立，它們既不是蘊含關係也不是相似關係，而是聯合組合成一個演化論。

　　模型究竟算不算知識？在科學上是否具有核心地位？或者模型只是達成確定的定理和理論知識的工具或途徑而已？對於這些問題，科學家彼此間的看法有很大的差異。例如前節引用的凱恩，就把模型和假設畫等號，主張理論比模型更確實。但是，另一位科學作家葛瑞賓（John Gribbin, 2001）則寫說：「這些方法中最重要的是使用物理學家所稱的模型（model）。……對於物理學家而言，模型是對一些基本（也許並不太基本）實體的想像圖像，和一組描述它們的行為的數學方程式。例如，有一種模型是關於瀰漫在在我寫這些文字的房間內的空氣，把氣體中的每個分子描述成一微小堅硬的球。這模型所附隨的方程式，一方面用來描述這些小球如何互相碰撞、相互彈開，或從房間的牆壁上彈開，而在另一方面，也說明這麼多小硬球的平均行為如何造成我房間的空氣壓強（氣壓）。」（《國民科學須知》，頁11-12）在邏輯經驗論興盛的年代，科學家和哲學家也很少給予模型一個正式的地位，他們通常認為模型只是幫助思考之用，只是待檢驗的猜測或達到定律或理論的前階段，僅管今天仍然有物理學家懷抱這種觀點，但是考慮更廣大的科學如生物學、宇宙學、地球科學、經濟學等等，科學家更常談模型而不是定律和理論，甚至模型可以脫離理論而被使用，這些發展都意謂著「理論作為模型（理論含有一群模型）」的觀點，似乎比理論作為公理系統的觀點具有更大的彈性，能適用於更廣大的科

學領域。如果科學不能脫離模型的使用，那當然模型必定可帶給我
們知識。

思考題

一、從「定律」一節的討論中，你是否能歸納出一些科學定律的重要特徵？也許一個恰當的「定律理論」（回答「定律是什麼」的理論）都必須要能充分地說明這些重要特徵才成。

二、有另一種理解定律的方式是把定律看成一個龐大的種類，其下有各種不同的次類，透過建立一個定律的分類系統來理解各種定律。進一步，這個定律的分類系統有可能是一個更大的「通則類」的一個次類，其中有非定律的通則類，請你嘗試去建立一個包含各種通則和定律次類的大分類系統，並設法提出分類時所根據的分類標準。

三、「觀察獨立於理論」蘊含了「理論的就是不可觀察的」的觀點，而「觀察背負理論」蘊含了「理論是一個概念整體」的觀點，你認為哪一個比較合理？請使用實際的科學理論來討論。例如考慮牛頓力學理論，並以「質量」這個概念為例來作分析；或者，考慮「熱量學」（calorimetry）中的「熱」（heat）和「溫度」（temperature）這兩個概念；或者你喜歡的任何其他科學理論。

四、請舉例分別說明理論的公理觀點（或述句觀點）和理論的模型觀點，並比較兩者的同異。請你使用牛頓力學理論的一般代數版本來表達其公理系統，也就是第二運動定律的相關等式是 $F=ma$（也就是說，不要使用本章牛頓原著的幾何版本）。當然，也可以使用任何你喜歡的科學理論。

五、哲學上所討論的限（決）定論和科學的限定性理論有什麼關係？

註　釋

[1] 一般這個「印證」的定義表達成：一假設H被證據e印證，若且唯若，p(H|e) > p(H)。亦即e提升了假設在沒有e的條件下的成立機率。

[2] 這三個被定義的名稱是「向心力的絕對量」（the absolute quantity of a centripetal force）、「向心力的加速量」（the accelerative quantity of a centripetal force）和「向心力的起動量」（the motive quantity of a centripetal force）。

[3] 牛頓的詳細演繹過程，中文文獻可參看陳瑞麟（2004）。

[4] 參看陳瑞麟（2010），《科學哲學：理論與歷史》。台北：群學。第二章，頁58-66。

[5] 參看 Giere（1995），中文介紹可看陳瑞麟（2010）第九章。

[6] 下文的模型敘述來自陳瑞麟（2014），〈革命、演化與拼裝：從HPS到STS，從歐美到台灣〉，《科技、醫療與社會》第18期，頁301-307。

參考文獻與進階閱讀

以下爲本書較重要的參考文獻也是推薦的進階閱讀書目。在科學哲學和科學的認知研究中，關於「科學推理」的相關文獻當然非常多，但筆者並未推薦很多，以下所列的文獻雖不乏經典性的著作，但多是論述較爲清晰、簡潔、易懂、而且沒有進入太多學術文獻爭論與技術性的細節分析，適合作爲進階閱讀之用。

林正弘（1988），《伽利略・波柏・科學說明》。台北：東大圖書。

殷海光（1958），〈論大膽假設，小心求證〉，收於《思想與方法》。

殷海光（2013），《思想與方法》三版。台北：水牛。（第二版，1991年）

陳思廷（2010），〈以起因結構爲基礎的經濟理論構作之分析：從經濟學家的實作面向看〉，《政治與社會哲學評論》，33期，頁97-168。

陳瑞麟（2004），《科學理論版本的結構與發展》。台北：台大出版中心。

陳瑞麟（2005），《邏輯與思考》增訂新版。台北：學富。

陳瑞麟（2010），《科學哲學：理論與歷史》。台北：群學。

陳瑞麟（2012），《認知與評價：科學理論與實驗的動力學》。台北：台大出版中心。

陳瑞麟（2014），〈革命、演化與拼裝：從HPS到STS，從歐美到台灣〉，《科技、醫療與社會》第18期，頁301-307。

楊倍昌（2008），《看不見的工具：像生物學家一樣思考》，成功大學醫學科技與社會研究中心。

戴東源（2007），〈克普勒之前的天文思想演變〉，《科技、醫療與社會》第5期，頁111-182。

戴東源（2012），〈原因和本質：克普勒與伽利略科學思想的形上學差異〉，《科技、醫療與社會》第15期，頁117-186。

劉仁沛、洪永泰、蕭朱杏、陳宏著（2010），《統計與生活》。台北：台大出版中心。

戴東源（2013），〈觀察、不充分決定與理論評價〉，《長庚人文社會學報》第6卷第2期，頁215-250。

Best, Joel著，張淑貞、何玉方譯（2008），《統計數字：是事實，還是謊言？》台北：商周。

Darwin, Charles著，葉篤莊、周建人和方宗熙譯（1998），《物種起源》。台北：台灣商務印書館。

Gribbin, John著（2001），《國民科學須知》，台北：天下出版。

Moore, David著，鄭惟厚譯（2003），《統計，讓數字說話！》。台北：天下出版。

Salsburg, David著，葉偉文譯（2003），《統計，改變了世界》。台北：天下。

White, Robert S. and John S. White 著，蔡碧鳳、邱心怡、游宜君合譯（2002），《基礎統計學》。台北：桂冠。

Craver, Carl and Lindley Darden (2003). *In Search of Mechanisms*. Chicago: University of Chicago Press.

Darden, Lindley (1991). *Theory Change in Science: Strategies from Mendelian Genetics*. Oxford: Oxford University Press.

Darden, Lindley (2006). *Reasoning in Biological Discoveries: Essay on Mechanisms, Interfield Relations, and Anomaly Resolution*. Cambridge, UK: Cambridge University Press.

Hempel, Carl G. (1965). *Aspects of Scientific Explanation and Other Essays in the Philosophy of Science*. New York: Free Press.

Hung, Edwin H.-C. (1997). *The Nature of Science: Problems and Perspectives*. Wadsworth Publishing.

Giere, Ronald (1988). *Explaining Science*. Chicago: University of Chicago Press.

Giere, Ronald (1999). *Science without Laws*. Chicago: University of Chicago Press.

Giere, Ronald (1991). *Understanding Scientific Reasoning*, 3rd. Holt, Rinehart and Winston, Inc. 1st ed. 1979.

Hacking, Ian (2002). *Historical Ontology*. Cambridge, Mass: Harvard University Press.

Hacking, Ian (2006). *The Emergence of Probability: A Philosophical Study of Early Ideas about Probability Induction and Statistical Inference*. Cambridge: Cambridge University Press. 1st Ed. 1975.

Hacking, Ian (2009). *Scientific Reason*. Taipei: The NTU Press.

Hanson, Norwood R. (1969). *Perception and Discovery: An Introduction to Scientific Inquiry*. San Francisco: Freeman, Cooper & Company.

Hesse, Mary (1966). *Models and Analogy in Science*. Notre Dame, In.: University of Notre Dame Press.

Hesse, Mary (1974). *The Structure of Scientific Inference*. London: Macmillan Press.

Howson, Colin & Peter Urbach (1993). *Scientific Reasoning: The Bayesian Approach*. Peru, Ill.: Open Court Publishing.

Kosso, Peter (1992). *Reading the Book of Nature: An Introduction to the Philosophy of Science*. Cambridge, UK: Cambridge University Press.

Kuhn, Thomas S. (1989). "Possible worlds in history of science." In Allen S. (ed.). *Possible Worlds in Humanities, Arts, and Sciences* (pp. 9-32). Berlin: de Gruyter Press.

Laudan, Larry (1981). *Science and Hypothesis: Historical Essays on Scientific Methodology*. Dordrecht: D. Reidel Publishing.

Lipton, Peter (1991). *Inference to the Best Explanation*. New York: Routledge Press.

Nagel, Ernest (1961). *The Structure of Science: Problems in the Logic of Scientific Explanation*. New York: Harcourt, Brace and World.

Rosenberg, Alexander (2000). *Philosophy of Science: A Contemporary Introduction*. London: Routledge. 歐陽敏譯（2004），《當代科學哲學》。台北：韋伯文化。

索引

九畫

十畫

十一畫

十五畫

十六畫

十八畫

十九畫

國家圖書館出版品預行編目資料

科學哲學：假設的推理／陳瑞麟著.--二版--.--

臺北市：五南,2017.01

面； 公分.

ISBN 978-957-11-9017-4（平裝）

1.科學哲學

301　　　　　　　　　106000008

1BAW

科學哲學：假設的推理

作　　　者— 陳瑞麟

發 行 人— 楊榮川

總 經 理— 楊士清

總 編 輯— 楊秀麗

主　　　編— 蔡宗沂

封面設計— 吳雅惠

出 版 者— 五南圖書出版股份有限公司

地　　　址：106台北市大安區和平東路二段339號

電　　　話：(02)2705-5066　傳　真：(02)2706-6

網　　　址：https://www.wunan.com.tw

電子郵件：wunan@wunan.com.tw

劃撥帳號：01068953

戶　　　名：五南圖書出版股份有限公司

法律顧問　林勝安律師事務所　林勝安律師

出版日期　2014年10月初版一刷
　　　　　2017年 1 月二版一刷
　　　　　2020年10月二版三刷

定　　　價　新臺幣320元

經典永恆・名著常在

五十週年的獻禮 ── 經典名著文庫

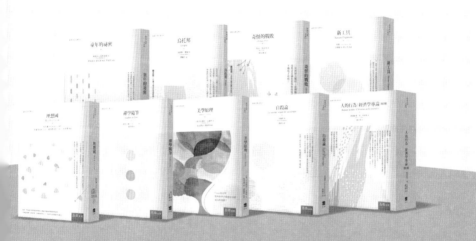

五南，五十年了，半個世紀，人生旅程的一大半，走過來了。

思索著，邁向百年的未來歷程，能為知識界、文化學術界作些什麼？

在速食文化的生態下，有什麼值得讓人雋永品味的？

歷代經典・當今名著，經過時間的洗禮，千錘百鍊，流傳至今，光芒耀人；

不僅使我們能領悟前人的智慧，同時也增深加廣我們思考的深度與視野。

我們決心投入巨資，有計畫的系統梳選，成立「經典名著文庫」，

希望收入古今中外思想性的、充滿睿智與獨見的經典、名著。

這是一項理想性的、永續性的巨大出版工程。

不在意讀者的眾寡，只考慮它的學術價值，力求完整展現先哲思想的軌跡；

為知識界開啟一片智慧之窗，營造一座百花綻放的世界文明公園，

任君遨遊、取菁吸蜜、嘉惠學子！